大阪府公立高入試

理科

形式別 対策問題集

〔もくじ〕

（編集部注）
本書の内容についての一切の責任は英俊社にございます。ご不審の点は当社へご質問ください。

―― はじめに ――

この本は，大阪府公立高校への入学を目指す受験生が，理科の入試においてできるだけ高い得点がとれるよう，効果的な問題演習ができるようにつくられています。

問題の配列には，過去の大阪府公立高入試（理科）で出題された問題の傾向，さらにその問題の正答率の分析を取り入れており，問題形式別に各章に分けてあります。

各受験生によって得意な問題形式，不得意な問題形式は異なっていると思います。章の順番にこだわらず，得意なものを伸ばしたい人は得意な問題形式から，苦手なものを克服したい人は不得意な問題形式から取り組んでみてください。

この本でしっかりと問題演習に取り組んでもらうことが，受験生の志望校合格への助けとなることを願います。

㈱ 英俊社編集部

〔大阪府公立高入試（一般入学者選抜）の教科別試験種〕

・数学 … A問題，B問題，C問題（各学校による指定あり）

・英語 … A問題，B問題，C問題（各学校による指定あり）

・国語 … A問題，B問題，C問題（各学校による指定あり）

・社会 … 共通問題

・理科 … 共通問題

→ 社会・理科については，数学・英語・国語とは異なり，A問題～C問題のような区別はなく，共通問題が実施されています。そのため，易しい内容の問題から難しい内容の問題までが混ざった状態になっています。

どのような形式の問題が出題されるかを事前に知っておき，その問題にどのように対処すればよいかを確認しておくことで，入試当日も慌てずに試験に臨むことができるでしょう。

（試験時間は50分，満点は90点）

〔この本の使い方〕

●各章の構成

《実際の大阪府公立高入試問題から》

過去の一般入学者選抜で出された問題を例題として示しています

【解答を導くヒント】も示していますので，もし間違った場合には，こちらを参考に解き直しをしてみましょう

（注）５章「新傾向問題」は，特別入学者選抜で出された問題を例題として示しています

《類題チャレンジ☆》

中１・中２で学習する内容についての類題を示しています

類題は大阪府以外の都道府県の公立高入試で出題されたものから選んでいます

《類題チャレンジ☆☆》

中３で学習する内容についての類題を中心に示しています

類題は大阪府以外の都道府県の公立高入試で出題されたものから選んでいます

※各章の最初には「学習のポイント」も示していますので，出題形式の特徴を捉える助けとしてください

（注）５章「新傾向問題」は，《類題チャレンジ☆》と《類題チャレンジ☆☆》の区別をせず，総合問題を選んでいます

●他の書籍との効果的な組み合わせ

英俊社では，過去問題集である『公立高校入試対策シリーズ（赤本)』に加えて，入試直前の力試し用に『大阪府公立高等学校一般予想テスト』を発刊しています

入試本番を見据え，これらの書籍を組み合わせて学習し，効果的に実力を高めていきましょう

（学習順の一例）

赤本を使って過去の入試問題から自分の苦手な問題を見つけ出す

形式別問題集で問題演習を数多くこなし，苦手をなくす

予想テストを使って実力の最終チェックをする

1　知識問題

学習のポイント

大阪府公立高入試においては，知識だけで解答できる問題が多く，得点源にしておきたい。考察問題や思考問題に時間を回せるように，知識問題はすばやく解けるようにしよう。

《実際の大阪府公立高入試問題から》

【W さんと Y 先生の会話 1】

Wさん：1円硬貨より10円硬貨の方が重いのは，10円硬貨の体積が1円硬貨の体積より大きいことや異なる物質でできていることが関係しているのでしょうか。

Y先生：はい。(あ)アルミニウムと銅では密度が違います。同じ体積で質量を比べてみましょう。1 cm^3 の金属の立方体が三つあります。アルミニウムの立方体は2.7g，銅の立方体は9.0g，マグネシウムの立方体は1.7gです。

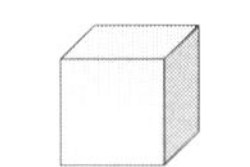

アルミニウム 2.7g

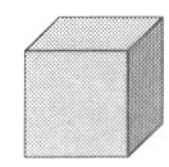

銅 9.0g

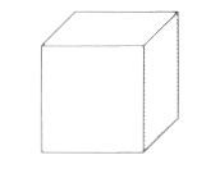

マグネシウム 1.7g

Wさん：同じ体積でも，銅に比べてアルミニウムの方が軽いのですね。マグネシウムはさらに軽いことに驚きました。銅の立方体の質量はマグネシウムの立方体の質量の約5.3倍もありますが，銅の立方体に含まれる原子の数はマグネシウムの立方体に含まれる原子の数の約5.3倍になっているといえるのでしょうか。

Y先生：いい質問です。実験して調べてみましょう。マグネシウムと銅をそれぞれ加熱して，結びつく(い)酸素の質量を比べれば，銅の立方体に含まれる原子の数がマグネシウムの立方体に含まれる原子の数の約5.3倍かどうか分かります。

(1) 下線部(あ)について述べた次の文中の ⓐ〔　　〕，ⓑ〔　　〕から適切なものをそれぞれ一つずつ選び，記号を○で囲みなさい。ⓐ(ア　イ) ⓑ(ウ　エ)

アルミニウムは電気を ⓐ〔ア　よく通し　　イ　通さず〕，磁石に ⓑ〔ウ　引き付けられる　エ　引き付けられない〕金属である。

(2) 下線部(い)について，酸素を発生させるためには，さまざまな方法が用いられる。

① 次のア～エに示した操作のうち，酸素が発生するものはどれか。一つ選び，記号を○で囲みなさい。(ア　イ　ウ　エ)

ア　亜鉛にうすい塩酸を加える。

イ　二酸化マンガンにオキシドール（うすい過酸化水素水）を加える。

ウ　石灰石にうすい塩酸を加える。

エ　水酸化バリウム水溶液にうすい硫酸を加える。

② 発生させた酸素の集め方について述べた次の文中の [　　] に入れるのに適している語を書きなさい。(　　　)

酸素は水にとけにくいので [　　] 置換法で集めることができる。

【解答を導くヒント】

(1)アルミニウム（金属）の性質を問う知識問題。

(2)① 酸素（気体）の発生方法を問う知識問題。

② 酸素（水にとけにくい気体）の集め方を問う知識問題。

［解答］(1) ⓐ ア　ⓑ エ　(2)① イ　② 水上

《類題チャレンジ☆》

1　砂岩や泥岩は，堆積物が固まってできた堆積岩である。堆積岩を，次のア～オからすべて選びなさい。(　　　)　(山形県)

ア　れき岩　　イ　安山岩　　ウ　チャート　　エ　花こう岩　　オ　凝灰岩

2　タンパク質や脂肪などの養分の分解には，様々な器官の消化液や消化酵素が関わっている。脂肪の分解に関わるものを，次のア～エからすべて選びなさい。(　　　)　(岐阜県)

ア　小腸の壁の消化酵素　　イ　胃液中の消化酵素　　ウ　胆汁　　エ　すい液中の消化酵素

3　シダ植物とコケ植物に共通していることとして，適切なものはどれか。次のア～エから一つ選びなさい。(　　　)　(宮崎県)

ア　昼は光合成だけ行い，呼吸は行わない。

イ　根，茎，葉の区別がある。

ウ　種子をつくり，新しい個体をふやしていく。

エ　体が細胞でできている。

4　マツは「裸子植物」に分類される。まつかさとマツの花についての説明として最も適当なものを，次のア～エから一つ選びなさい。(　　　)　(島根県)

ア　まつかさは，雄花が変化したものである。

イ　まつかさのりん片は，種子である。

ウ　雄花のりん片には，花粉のうがある。

エ　雌花のりん片には，子房がある。

5　磁界の中でコイルに電流を流すとコイルに力がはたらく。この現象を利用したコイルの活用について述べたものはどれか，次のア～エから一つ選びなさい。(　　　)　(石川県)

ア　懐中電灯を点灯する。

イ　扇風機で送風する。

ウ　手回し発電機で発電する。

エ　電磁調理器で加熱する。

6 塩化コバルト紙の色の変化から，炭酸水素ナトリウムを加熱すると，水ができたことがわかった。塩化コバルト紙の色の変化として適切なものを，次のア～エから一つ選びなさい。(　　　)

(福岡県[改題])

ア　青色から緑色に変化した。
イ　青色から赤色に変化した。
ウ　赤色から青色に変化した。
エ　緑色から青色に変化した。

7 次のA～Dの物質を化合物と単体とに分類したものとして適切なものを，右の表のア～エから一つ選びなさい。(　　　)　(東京都)

A　二酸化炭素　　B　水　　C　アンモニア　　D　酸素

	化合物	単体
ア	A，B，C	D
イ	A，B	C，D
ウ	C，D	A，B
エ	D	A，B，C

8 双眼実体顕微鏡について述べた文としてあてはまらないものを，次のア～エから一つ選びなさい。

(　　　)(福島県)

ア　反射鏡を調節して，視野全体が均一に明るく見えるようにする。
イ　鏡筒を調節して，左右の視野が重なって1つに見えるようにする。
ウ　倍率は，接眼レンズの倍率と対物レンズの倍率をかけ合わせたものになる。
エ　観察するものを拡大して，立体的に観察するのに適している。

9 台風の特徴を述べた文として適切なものを，次のア～エからすべて選びなさい。(　　　)

(高知県)

ア　台風は，低緯度の熱帯地方の海上で発生した熱帯低気圧が発達したものである。
イ　台風の地表付近の風は，上空から見ると，台風の中心に向かって時計回りに吹く。
ウ　台風は，偏西風の影響を受けると，東寄りに進路を変える。
エ　台風は，温暖前線と寒冷前線を伴うため，大量の雨が降る。

10 次の文は，化学変化の前後で物質全体の質量が変化しないことを説明したものである。文中の(Ⅰ)と(Ⅱ)のそれぞれにあてはまる語句の組み合わせとして最も適当なものを，後のア～カから一つ選びなさい。(　　　)

(愛知県[改題])

化学変化の前後で，原子の(Ⅰ)は変化するが，原子の(Ⅱ)は変化しない。

ア　Ⅰ 組み合わせ，Ⅱ 体積　　　　イ　Ⅰ 組み合わせ，Ⅱ 種類と数
ウ　Ⅰ 体積，Ⅱ 組み合わせ　　　　エ　Ⅰ 体積，Ⅱ 種類と数
オ　Ⅰ 種類と数，Ⅱ 組み合わせ　　カ　Ⅰ 種類と数，Ⅱ 体積

11 焦点を通る光が凸レンズに入射したとき，光はどのように進むか。そのときの光の道筋を模式的に表したものとして最も適当なものを，次のア～エから一つ選びなさい。(　　　)　(福島県)

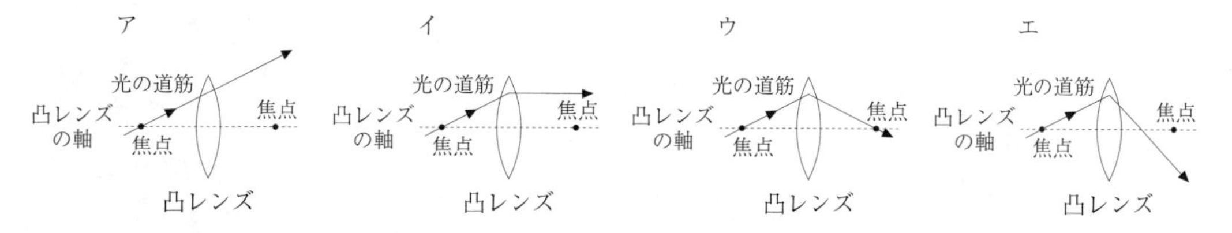

12 音の伝わり方について述べたものとして，適切なものを，次のア～エからすべて選びなさい。

(　　　)(鳥取県)

ア　容器に入れたブザーから音を出し，その容器内の空気をぬいていくと，聞こえるブザーの音が小さくなっていく。

イ　音は，空気中を約 30 万 km/s の速さで進む。

ウ　音を出す物体は振動しており，振動を止めると音も止まる。

エ　音が伝わる速さは，固体中より空気中のほうが速い。

13 ヒトのからだの中では，デンプンは最終的にブドウ糖に分解される。右の図の A～G のうち，その過程ではたらく消化酵素に関わる器官はどれか。その組み合わせとして最も適切なものを，次のア～カから一つ選びなさい。

(　　　)(茨城県)

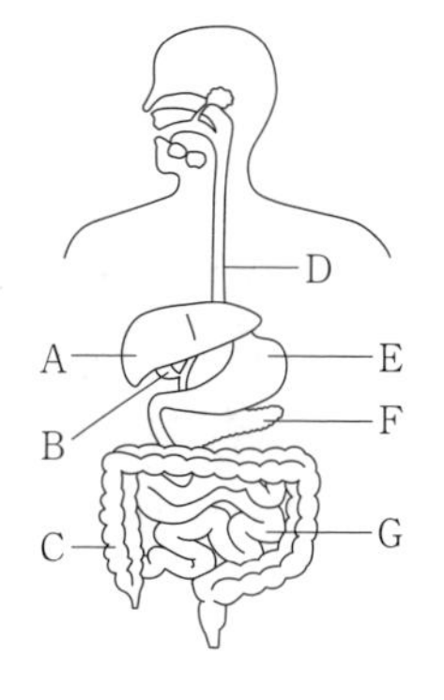

ア　B，F　　イ　F，G　　ウ　A，C，D　　エ　E，F，G

オ　A，B，D，E　　カ　C，D，E，G

14 図1～図3は，ホウセンカの葉，茎，根の断面を模式的に表したものである。葉，茎，根の各器官において，根から吸収した水が通る管は，図1～図3の①～⑥のどれか。最も適切な組み合わせを，後のア～オから一つ選びなさい。(　　　)　(鳥取県)

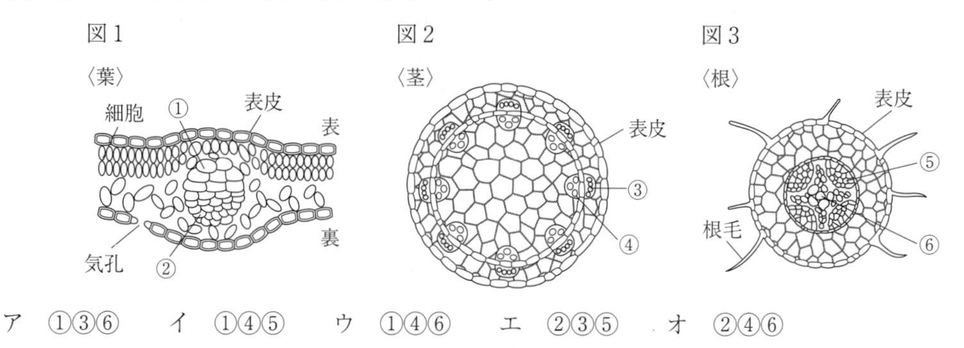

ア　①③⑥　　イ　①④⑤　　ウ　①④⑥　　エ　②③⑤　　オ　②④⑥

15 右の図は，心臓のつくりと血液の循環のようすを模式的に表したものである。心臓は４つの部屋に分かれており，◌ で表したＸとＹの部分には，静脈にも見られる血液の逆流を防ぐための弁がある。

(富山県)

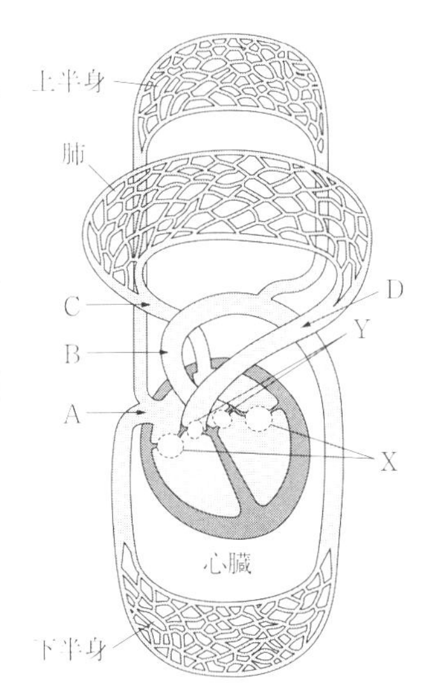

(1) 動脈血が流れている血管はどれか。Ａ～Ｄからすべて選びなさい。

(　　)

(2) 血液が心臓から押し出されるときのＸとＹの弁の状態を説明したものとして正しいものはどれか。次のア～エから一つ選びなさい。(　　)

ア　ＸとＹは開いている。

イ　Ｘは開いていて，Ｙは閉じている。

ウ　ＸとＹは閉じている。

エ　Ｘは閉じていて，Ｙは開いている。

《類題チャレンジ☆☆》

1 染色体について正しく説明したものはどれか。次のア～エからすべて選びなさい。(　　)

(富山県)

ア　染色体には，生物の形質を決める遺伝子が存在する。

イ　細胞１個当たりに含まれる染色体の数は，どの生物も同じである。

ウ　被子植物において，生殖細胞の染色体の数と，胚の細胞の染色体の数は同じである。

エ　有性生殖では，受精によって子の細胞は，両方の親から半数ずつ染色体を受けつぐ。

2 図のように，火力発電所では，燃料を燃やしたときの熱でつくられた水蒸気を使い，タービンを回して発電している。エネルギーが変換される順番として最も適当なものを，次のア～エから一つ選びなさい。(　　)

(島根県)

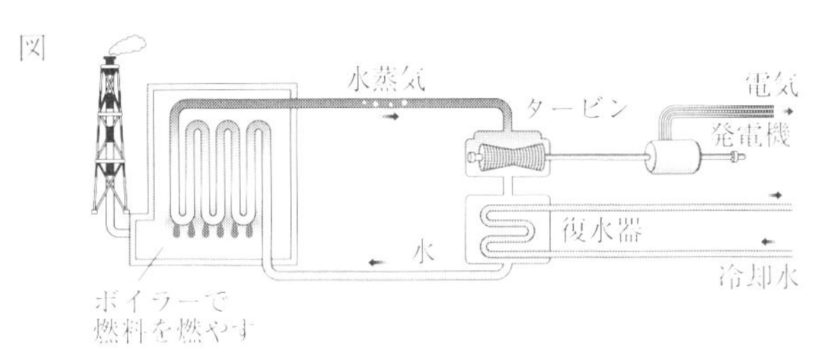

ア　化学エネルギー→位置エネルギー→熱エネルギー→電気エネルギー

イ　化学エネルギー→熱エネルギー→運動エネルギー→電気エネルギー

ウ　熱エネルギー→化学エネルギー→運動エネルギー→電気エネルギー

エ　熱エネルギー→位置エネルギー→化学エネルギー→電気エネルギー

3 無性生殖によってふえる生物はどれか，次のア～オからすべて選びなさい。(　　　) (山梨県)

ア　ナメクジ　　イ　ミカヅキモ　　ウ　ジャガイモ　　エ　カエル　　オ　オランダイチゴ

4 プラスチックについて説明した文として最も適当なものを，次のア～エから一つ選びなさい。

(　　　) (長崎県)

ア　ポリエチレンは，主にペットボトルとして利用されている。

イ　ポリエチレンテレフタラートは，主にポリ袋として利用されている。

ウ　プラスチックは，種類によらず同じようによく燃え，同じようにすすを出す。

エ　プラスチックは，一般的に石油を原料としてつくられ，様々な用途に利用されている。

5 太陽の黒点を観察するときの注意点として適当でないものを，次のア～エから一つ選びなさい。

(　　　) (福井県)

ア　太陽の光は非常に強いので，肉眼や望遠鏡で太陽を直接見てはいけない。

イ　投影された太陽の像は動いていくので，すばやくスケッチする。

ウ　望遠鏡を固定したとき，太陽が記録用紙から外れていく方向が，太陽の西である。

エ　望遠鏡を太陽に向け，ファインダーを使って接眼レンズと太陽投影板の位置を調節する。

6 図のア～オのカードは，原子またはイオンの構造を模式的に表したものである。イオンを表しているものを，図のア～オからすべて選びなさい。ただし，電子を●，陽子を◎，中性子を○とする。

(　　　) (山口県[改題])

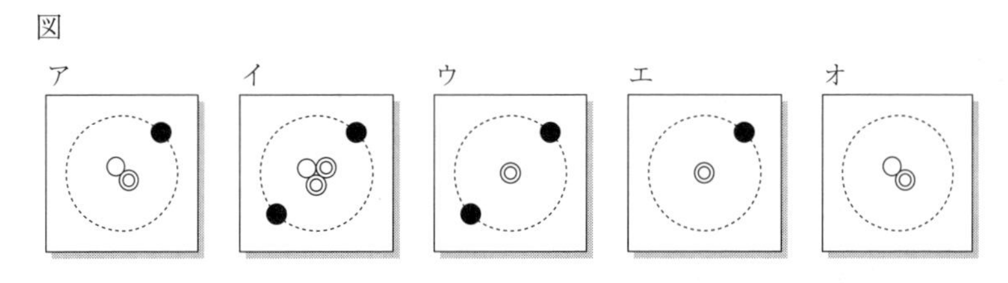

7 太陽系には，太陽系外縁天体，すい星，小惑星といった小天体がある。太陽系の小天体に関して述べた文として最も適当なものを，次のア～エから一つ選びなさい。また，太陽系は，千億個以上の恒星からなる，直径約10万光年の銀河系に属している。右の図は，銀河系の模式図である。図中のX～Zのうち，太陽系の位置を示しているものとして最も適当なものを一つ選びなさい。

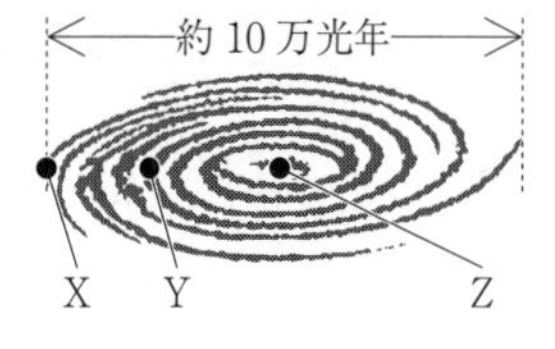

(　　　)(　　　) (京都府)

ア　太陽系外縁天体は，地球からは川のように帯状に見え，これを天の川という。

イ　細長いだ円軌道で地球のまわりを公転している小天体を，すい星という。

ウ　小惑星の多くは地球の公転軌道より内側にあり，いん石となって地球に落下するものもある。

エ　すい星から放出されたちりが地球の大気とぶつかって光り，流星として観測されることがある。

2　表・グラフの読み取り

学習のポイント

大阪府公立高入試において，表・グラフは頻出である。どのような表・グラフなのかを理解して必要な情報を読み取ることができるように，さまざまな問題で練習を積んでおこう。

《実際の大阪府公立高入試問題から》

【実験】 Rさんは，図Ⅰのように凸レンズを用いて実験装置を組み立てた。凸レンズの位置は固定されており，物体，電球，スクリーンの位置は光学台上を動かすことができる。物体として用いた厚紙は，凸レンズ側から観察すると図Ⅱのように高さ2.0cmのL字形にすきまが空いており，このすきまから出た光がつくる物体の像を調べるため，次の操作を行った。

・凸レンズの中心線から物体までの距離をAcmとし，A = 5.0，15.0，20.0，30.0のとき，それぞれスクリーンを動かして，スクリーンに実像ができるかを調べた。

・凸レンズの中心線からスクリーンまでの距離をBcmとし，スクリーンに実像ができた場合は，Bと図Ⅰ中に示した実像の高さを測った。また，実像の高さを物体のすきまの高さ（2.0cm）で割った値を倍率とした。

表Ⅰは，これらの結果をまとめたものであり，スクリーンに実像ができない場合は，B，実像の高さ，倍率は「—」と示されている。

図Ⅰ

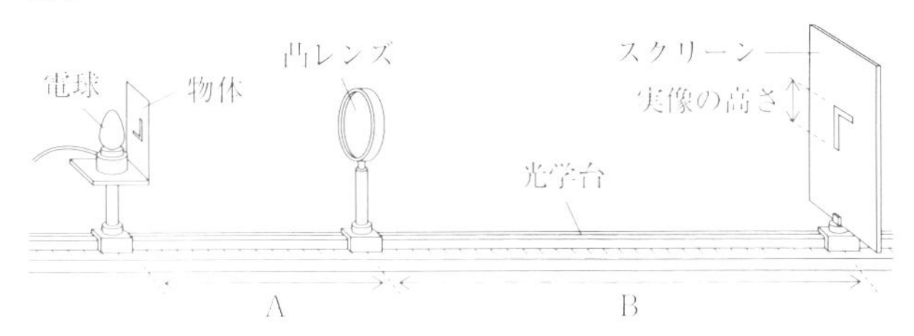

図Ⅱ

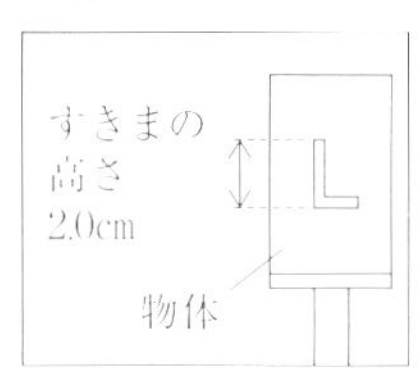

表Ⅰ

A〔cm〕	5.0	15.0	20.0	30.0
B〔cm〕	—	30.0	20.0	15.0
実像の高さ〔cm〕	—	4.0	2.0	1.0
倍率〔倍〕	—	2.0	1.0	0.50

(問) 表Ⅰから，凸レンズの焦点距離は何cmになると考えられるか，求めなさい。答えは**小数第1位まで書くこと**。（　　　cm）

【解答を導くヒント】

・物体と実像の大きさが同じになっている位置に注目。

・焦点距離の2倍の位置に物体を置くと，焦点距離の2倍の位置に物体と同じ大きさの実像ができる。

・表Ⅰより，AとBの長さが同じ20.0cmのとき，倍率が1.0倍（物体と実像が同じ大きさ）になっているので，「20.0cm＝焦点距離の2倍」を読み取る。

［解答］10.0(cm)

《類題チャレンジ☆》

1 弦をはじいて音を出したところ，図のような音の波形がコンピュータの画面に表示された。この音の振動数は何Hzか，求めなさい。ただし，図の縦軸は振幅，横軸は時間を表し，横軸の1目盛りを $\frac{1}{2000}$ 秒とする。(　　　Hz)　（鳥取県）

図

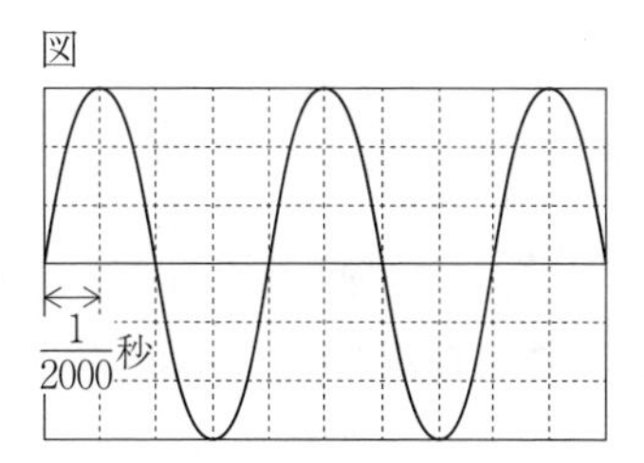

2 右の図は，新潟市におけるある年の6月10日の気象観測の結果をまとめたものである。図中のa～cの折れ線は，気温，湿度，気圧のいずれかの気象要素を表している。a～cに当てはまる気象要素の組合せとして，最も適当なものを，次のア～カから一つ選びなさい。(　　　)

（新潟県）

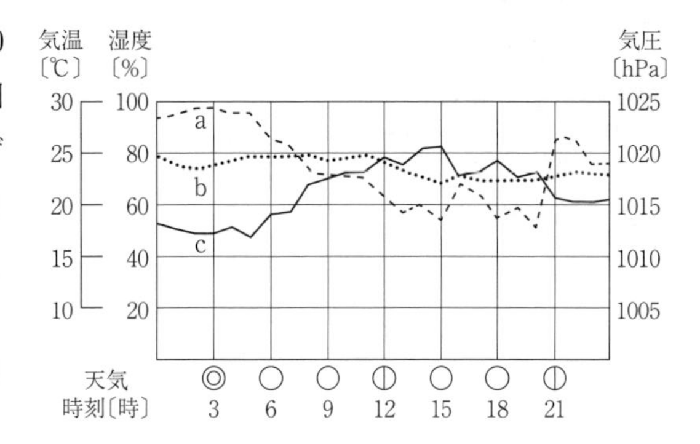

ア　a 気温，b 湿度，c 気圧
イ　a 気温，b 気圧，c 湿度
ウ　a 湿度，b 気温，c 気圧
エ　a 湿度，b 気圧，c 気温
オ　a 気圧，b 気温，c 湿度
カ　a 気圧，b 湿度，c 気温

3 図のように，葉の枚数や大きさ，枝の長さや太さがほぼ同じツバキを3本用意し，装置A～Cをつくり，蒸散について調べた。装置A～Cを，室内の明るくて風通しのよい場所に3時間置き，それぞれの三角フラスコ内の，水の質量の減少量を測定した。その後，アサガオを用いて，同様の実験を行った。表は，その結果をまとめたものである。ただし，三角フラスコ内には油が少量加えられており，三角フラスコ内の水面からの水の蒸発はないものとする。　（静岡県）

すべての葉の表にワセリンを塗る。　すべての葉の裏にワセリンを塗る。　何も塗らない。

装置A

装置B

装置C

	水の質量の減少量(g)	
	ツバキ	アサガオ
すべての葉の表にワセリンを塗る	6.0	2.8
すべての葉の裏にワセリンを塗る	1.3	1.7
何も塗らない	6.8	4.2

(注)　ワセリンは，白色のクリーム状の物質で，水を通さない性質をもつ。

(問)　表から，ツバキとアサガオは，葉以外からも蒸散していることが分かる。この実験において，1本のツバキが葉以外から蒸散した量は何gであると考えられるか。計算して答えなさい。

(　　　g)

4　右の図は，硝酸カリウム，ミョウバン，塩化ナトリウム，ホウ酸について，水の温度と溶解度の関係を表したグラフである。

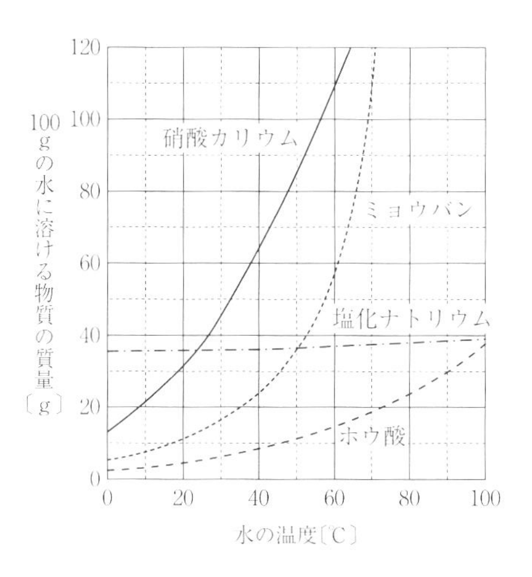

　四つのビーカーに60℃の水を100gずつ用意し，次のア～エの物質をそれぞれ溶かして飽和水溶液をつくった。これらの水溶液の温度を20℃に下げたとき，とり出すことのできる固体の質量が大きい順に並べ，ア～エの記号で書きなさい。(　　　　　)　（高知県）

ア　硝酸カリウム

イ　ミョウバン

ウ　塩化ナトリウム

エ　ホウ酸

5　次の表は，マグネシウムをステンレス皿に入れて加熱し，1分ごとにステンレス皿内の物質の質量を測定したときのものです。表から読みとれることとして正しいものを，次のア～エから一つ選びなさい。(　　　)　（岩手県）

加熱時間〔分〕	0	1	2	3	4	5	6
ステンレス皿内の物質の質量〔g〕	2.40	3.36	3.72	3.96	4.00	4.00	4.00

ア　加熱時間1分のステンレス皿内の物質の質量は，加熱時間0分と比べて3.36g増加する。

イ　加熱時間とステンレス皿内の物質の質量は，比例の関係にある。

ウ　加熱を続けると，やがてステンレス皿内の物質の質量は変化しなくなる。

エ　加熱時間0分のステンレス皿内の物質の質量と，加熱時間6分のステンレス皿内の物質の質量の比は2：3である。

6　表は，4種類の物質における，固体がとけて液体に変化するときの温度と，液体が沸騰して気体に変化するときの温度をまとめたものである。　（岐阜県）

	鉄	パルミチン酸	窒素	エタノール
固体がとけて液体に変化するときの温度〔℃〕	1535	63	−210	−115
液体が沸騰して気体に変化するときの温度〔℃〕	2750	360	−196	78

表

(問)　表の4種類の物質のうち，20℃のとき固体の状態にあるものを，次のア～エからすべて選びなさい。(　　　)

ア　鉄　　イ　パルミチン酸　　ウ　窒素　　エ　エタノール

7 光の進み方と凸レンズのはたらきを調べるために，図のような装置を組み，次の実験を行った。なお，物体は，透明なシートにＬの文字を書いたものである。（山形県[改題]）

図

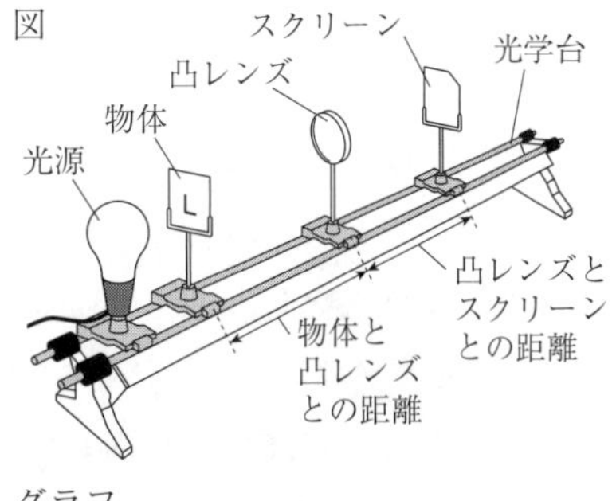

【実験】

① 光学台に白熱電球と物体を固定し，物体から20cm離れた位置に凸レンズを置いたあと，光源である白熱電球を点灯した。

② スクリーンの位置を調整して，物体の像がスクリーンにはっきりとうつったとき，凸レンズとスクリーンとの距離をはかり，記録した。

③ ①の凸レンズの位置を，物体から5cmずつ遠ざけ，②と同様のことをそれぞれ行った。

グラフは実験の結果を表している。

グラフ

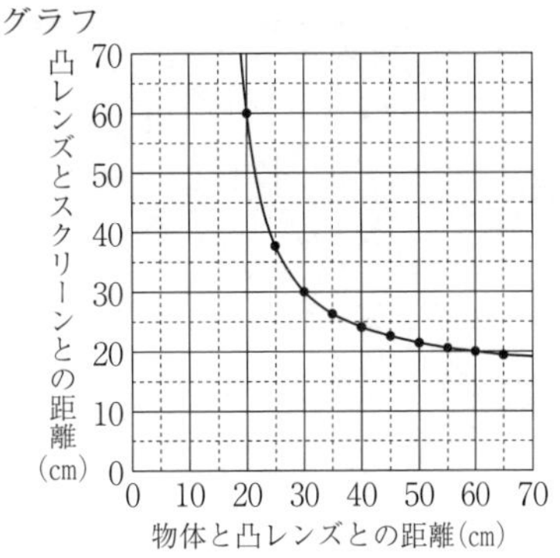

(問) 実験について，使用した凸レンズの焦点距離は何cmか，書きなさい。（　　　cm）

8 Ｔさんは，ばねを用いて物体を支える力を測定する実験を行い，レポートにまとめました。ただし，質量100gの物体にはたらく重力の大きさを1Nとし，実験で用いるばね，糸，フックの質量，および糸とフックの間にはたらく摩擦は考えないものとします。（埼玉県[改題]）

レポート

課題

ばね全体の長さとばねにはたらく力の大きさには，どのような関係があるのだろうか。

【実験】

［1］ ばねＡとばねＢの，2種類のばねを用意した。

［2］ 図1のようにスタンドにものさしを固定し，ばねＡをつるしてばね全体の長さを測定した。

［3］ ばねＡに質量20gのおもりをつるし，ばねＡがのびたときの，ばね全体の長さを測定した。

［4］ ばねＡにつるすおもりを，質量40g，60g，80g，100gのものにかえ，［3］と同様にばね全体の長さを測定した。

［5］ ばねＢについても，［2］～［4］の操作を行った。

図1

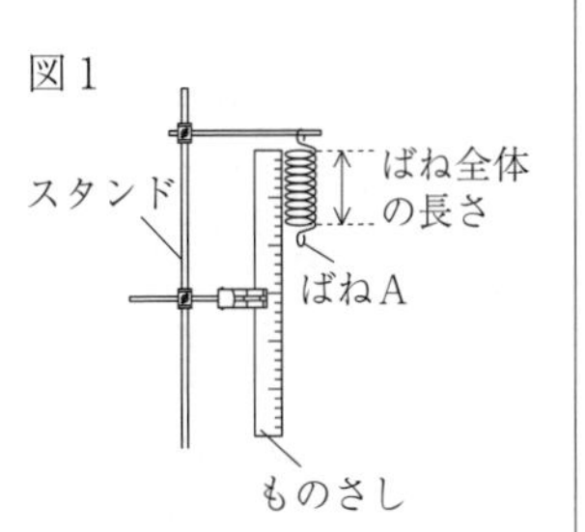

【結果】

おもりの質量〔g〕	0	20	40	60	80	100
ばねＡの全体の長さ〔cm〕	8.0	10.0	12.0	14.0	16.0	18.0
ばねＢの全体の長さ〔cm〕	4.0	8.0	12.0	16.0	20.0	24.0

(問) 【結果】からわかることとして正しいものを，次のア～オから二つ選びなさい。

(と)

ア　ばねAもばねBも，おもりの質量を2倍にするとばねののびは2倍になっている。

イ　ばねAもばねBも，おもりの質量とばね全体の長さは比例の関係になっている。

ウ　ばねAとばねBに40gのおもりをつるしたとき，ばねAののびとばねBののびは等しくなっている。

エ　ばねAとばねBに同じ質量のおもりをつるしたとき，ばねAとばねBのばね全体の長さの差は，つるしたおもりの質量にかかわらず常に一定になっている。

オ　ばねAとばねBに同じ質量のおもりをつるしたとき，ばねAののびとばねBののびを比較すると，ばねBののびは，ばねAののびの2倍になっている。

9　次の実験を行った。後の問いに答えなさい。 (岐阜県[改題])

〔実験〕 図のような回路を作り，抵抗器Aに流れる電流と加わる電圧の大きさを調べた。次に，抵抗の値が異なる抵抗器Bに変え，同様の実験を行った。表は，その結果をまとめたものである。

電圧〔V〕		0	3.0	6.0	9.0	12.0
電流〔A〕	抵抗器A	0	0.15	0.30	0.45	0.60
	抵抗器B	0	0.10	0.20	0.30	0.40

表

電源装置　スイッチ　抵抗器A　電流計　電圧計

図

(1) 実験の結果から，抵抗器Aの抵抗の値は何Ωか。(Ω)

(2) 実験で使用した抵抗器Bの両端に5.0Vの電圧を4分間加え続けた。抵抗器Bで消費された電力量は何Jか。(J)

10　地表から50mの高さにある気温20℃の空気が上昇し，地表からの高さが950mの地点で雲ができはじめた。右の図は，気温と水蒸気量の関係を表したものであり，曲線は，1 m^3 の空気が含むことのできる水蒸気の最大質量を示している。この図をもとにして，次の問いに答えなさい。ただし，上昇する空気の温度は，100mにつき1.0℃下がるものとし，空気1 m^3 中に含まれる水蒸気量は，上昇しても変わらないものとする。 (新潟県)

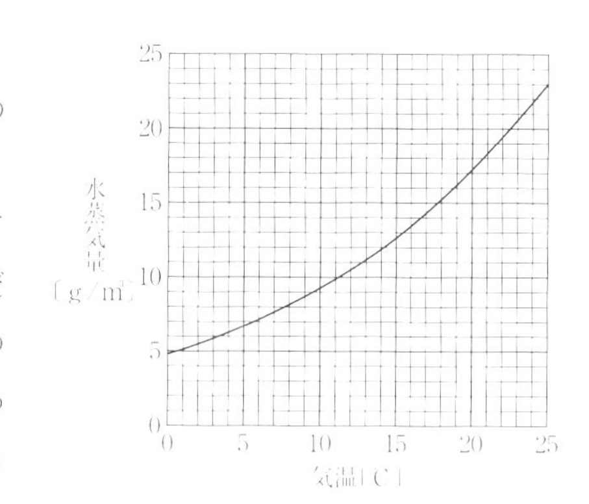

(1) この空気の露点は何℃か。求めなさい。(℃)

(2) この空気が地表から50mの高さにあったときの湿度はおよそ何%か。最も適当なものを，次のア～オから一つ選びなさい。( )

ア　58％　　イ　62％　　ウ　66％　　エ　70％　　オ　74％

11 Ｐ波とＳ波の到着時刻やそれらが大地を伝わる速さを調べると，震源までの距離や震央の位置を求めることができる。さらに近年では，地震の揺れが到着する時刻なども推定することができ，防災に役立てられるようになった。

図１は，ある日の午前５時10分４秒に発生した地震の揺れを，海面からの高さが同じであるＸ地点，Ｙ地点，Ｚ地点の地震計で記録したときのようすを表したものである。また図２は，Ｘ地点，Ｙ地点，Ｚ地点を含む地域における，震源からの距離と地震発生後のＰ波とＳ波が到着するまでの時間を示したものである。後の問いに答えなさい。（佐賀県）

図１

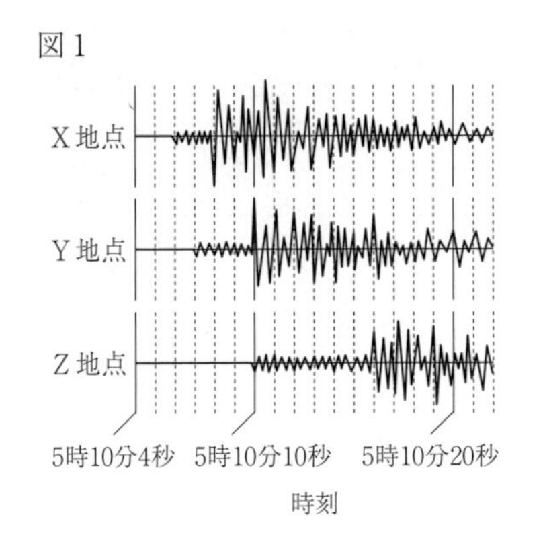

図２

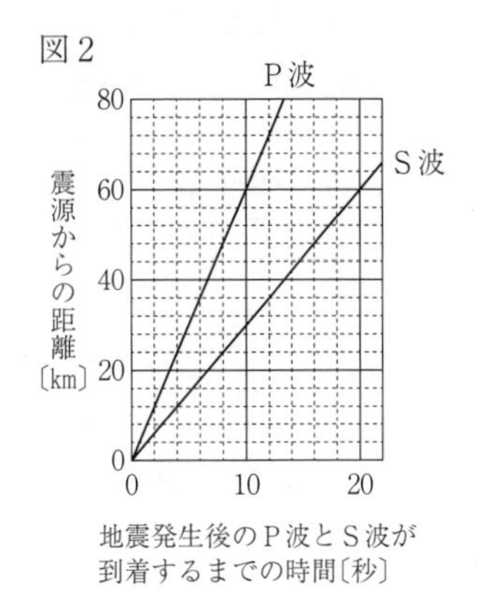

(1) Ｘ地点の初期微動継続時間は約何秒か，書きなさい。（約　　　秒）

(2) Ｙ地点から震源までの距離は約何kmか，書きなさい。（約　　　km）

12 酸素がかかわる化学反応について調べるため，次の実験を行った。後の問いに答えなさい。（富山県）

〈実験〉

酸化銅を得るために，Ａ～Ｅの班ごとに銅粉末をはかりとり，それぞれを図のようなステンレス皿全体にうすく広げてガスバーナーで熱した。その後，よく冷やしてから加熱後の物質の質量を測定した。次の表は班ごとの結果をまとめたものである。

図

表

班	A	B	C	D	E
銅粉末の質量〔g〕	1.40	0.80	0.40	1.20	1.00
加熱後の物質の質量〔g〕	1.75	1.00	0.50	1.35	1.25

(1) 表において，銅粉末がじゅうぶんに酸化されなかった班が１つある。それはＡ～Ｅのどの班か，１つ選びなさい。なお，必要に応じて右のグラフを使って考えてもよい。（　　　）

(2) (1)で答えた班の銅粉末は何％が酸化されたか，求めなさい。（　　　％）

銅と結びついた酸素の質量〔g〕
0.9 0.8 0.7 0.6 0.5 0.4 0.3 0.2 0.1 0
0 0.1 0.2 0.3 0.4 0.5 0.6 0.7 0.8 0.9 1.0 1.1 1.2 1.3 1.4
銅粉末の質量〔g〕

《類題チャレンジ☆☆》

1 表は太陽系の惑星の特徴をまとめたものである。 （沖縄県）

表　太陽系の惑星の特徴（地球の直径・質量および公転周期を1としている）

	地球	ア	イ	ウ	エ	オ	カ	キ
直径（地球＝1）	1.00	11.21	0.38	4.01	9.45	0.95	3.88	0.53
質量（地球＝1）	1.00	317.83	0.06	14.54	95.16	0.82	17.15	0.11
公転周期（地球＝1）	1.00	11.86	0.24	84.25	29.53	0.62	165.23	1.88
平均密度〔g/cm^3〕	5.51	1.33	5.43	1.27	0.69	5.24	1.64	3.93

(問) 表において，水星・土星を表しているものをア～キからそれぞれ一つ選びなさい。

水星（　　　）　土星（　　　）

2 陸上で生活する哺乳類には，カンジキウサギのように植物を食べ物とする草食動物や，オオヤマネコのように他の動物を食べ物とする肉食動物がいる。 （山口県）

(問) 図は，ある地域における，食物連鎖でつながっているオオヤマネコとカンジキウサギについて，1919年から1931年までの2年ごとの個体数を示したものであり，○は，1919年の個体数を，●は，1921年から1931年までのいずれかの個体数を表している。

○と●を，古い年から順に矢印でつなぐと，オオヤマネコがカンジキウサギを主に食べ，カンジキウサギがオオヤマネコに主に食べられるという関係によって，個体数が変化していることが読み取れる。

図

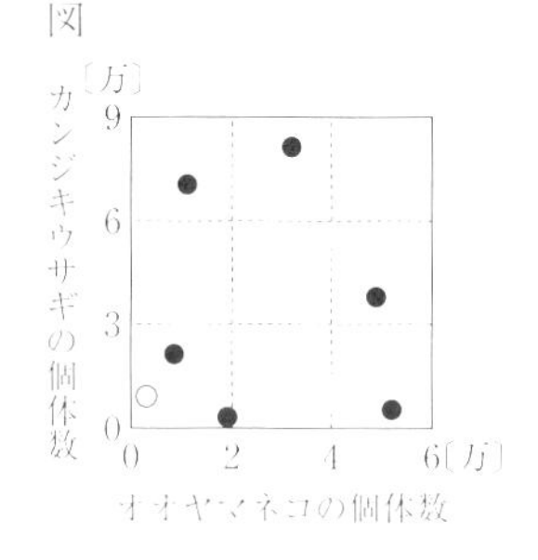

○と●を，古い年から順に矢印でつないだ図として，最も適切なものを，次のア～エから一つ選びなさい。なお，この地域では，1919年から1931年までの間，人間の活動や自然災害などによって生物の数量的な関係が大きくくずれることはなかった。（　　　）

ア

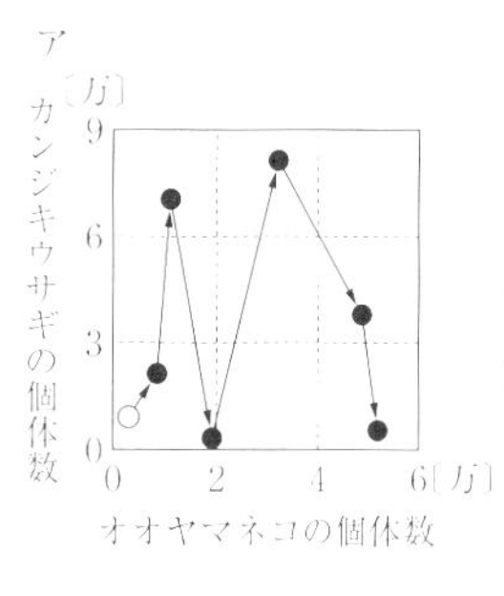

イ

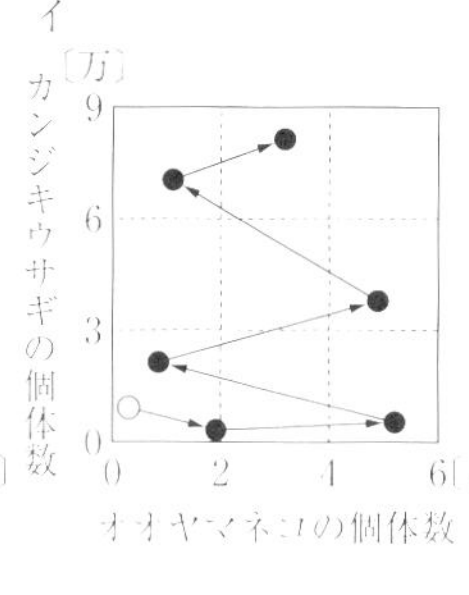

ウ

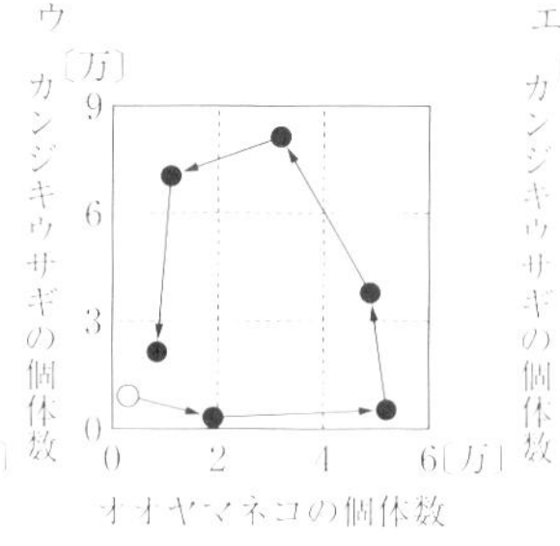

エ

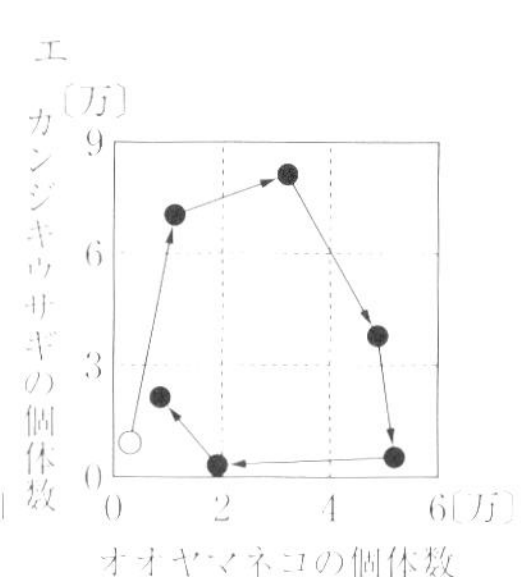

3 酸とアルカリの中和について調べるため，次のような【実験】を行った。後の問いに答えなさい。

（佐賀県[改題]）

【実験】

① 試験管 a〜e を用意し，そのすべてにうすい水酸化ナトリウム水溶液 3 mL を入れ，緑色の BTB 溶液を 2 滴加えた。BTB 溶液により試験管の水溶液は青色になった。

② 次に，試験管 a〜e にうすい塩酸 1 mL〜5 mL をそれぞれ加えて振り混ぜ，水溶液の色を観察し，その結果を表にまとめた。

表

試験管	a	b	c	d	e
水酸化ナトリウム水溶液〔mL〕	3	3	3	3	3
加えた塩酸〔mL〕	1	2	3	4	5
BTB 溶液を加えた水溶液の色	青色	青色	緑色	黄色	黄色

③ ②の観察後，試験管 a〜e にそれぞれマグネシウムリボンを入れ，ようすを観察した。

(1) 【実験】の②の結果より，水酸化ナトリウム水溶液 3 mL に塩酸 5 mL を少量ずつ加えたときの，試験管中のイオンの総数の変化を表すグラフはどのようになるか。最も適当なものを，次のア〜カから一つ選びなさい。ただし，水分子は電離しないものとする。(　　　)

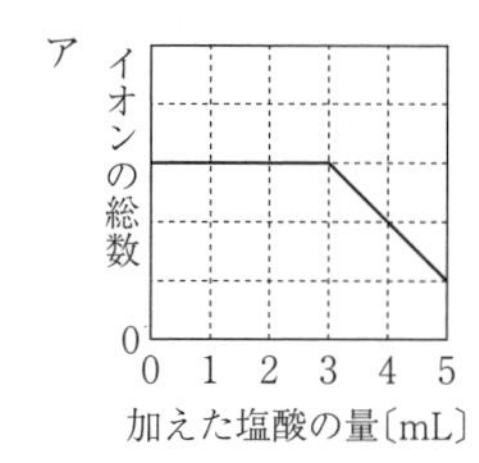

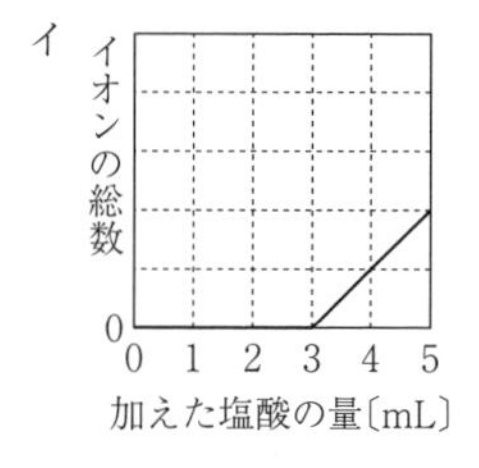

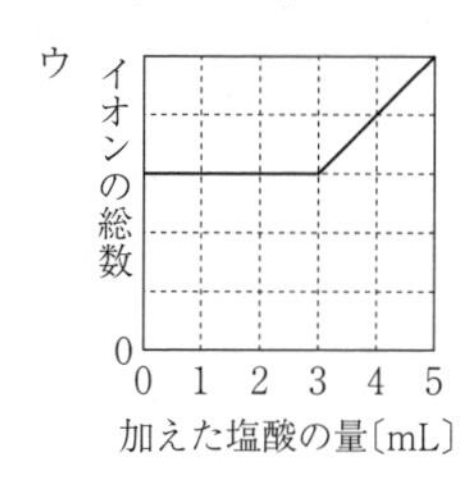

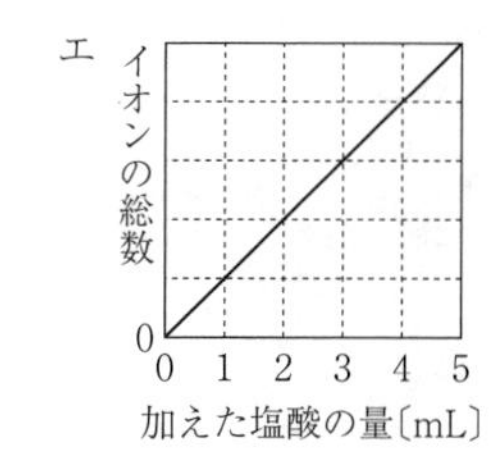

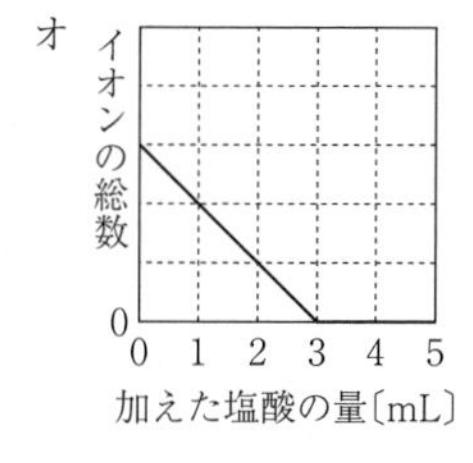

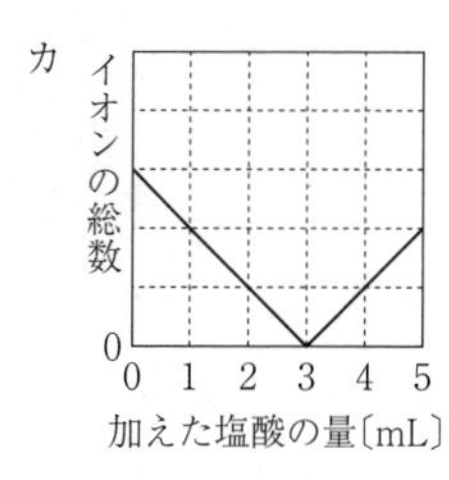

(2) 【実験】の③で試験管にマグネシウムリボンを入れたときのようすを説明したものとして最も適当なものを，次のア〜オから一つ選びなさい。(　　　)

ア 試験管 a〜e すべてで気体が発生した。　イ 試験管 a，b，d，e で気体が発生した。

ウ 試験管 a と b で気体が発生した。　エ 試験管 d と e で気体が発生した。

オ 試験管 a〜e すべてで変化がなかった。

4 エンドウの種子には，丸形としわ形があり，1つの種子にはそのどちらか一方の形質が現れる。エンドウを使って次の実験を行った。後の問いに答えなさい。なお，実験で使ったエンドウの種子の形質は，メンデルが行った実験と同じ規則性で遺伝するものとする。（富山県）

〈実験1〉

エンドウの種子を育てて自家受粉させると，種子ができた。表1のA～Cは，自家受粉させた親の種子の形質と，その自家受粉によってできた子の種子の形質を表している。

表1

	親の種子の形質	子の種子の形質
A	丸形	丸形のみ
B	丸形	①丸形と②しわ形
C	しわ形	しわ形のみ

〈実験2〉

実験1でできた子の種子のうち，表1の下線部①の丸形と下線部②のしわ形の中から種子を2つ選び，さまざまな組み合わせで交配を行った。表2のD～Hは，交配させた子の種子の形質の組み合わせと，その交配によってできた孫の種子の形質を表している。

表2

	交配させた子の種子の形質の組み合わせ	孫の種子の形質
D	丸形×丸形	丸形のみ
E	丸形×丸形	丸形としわ形
F	丸形×しわ形	丸形のみ
G	丸形×しわ形	③丸形としわ形
H	しわ形×しわ形	しわ形のみ

(1) 表1から，親の種子が必ず純系であるといえるのはどれか。A～Cからすべて選びなさい。（　　　）

(2) 表2の孫の種子である下線部③の丸形としわ形の数の比を，最も簡単な整数比で書きなさい。

丸形：しわ形＝（　　：　　）

(3) 表2において，交配させた子の種子が，両方とも必ず純系であるといえるのはどれか。D～Hからすべて選びなさい。（　　　）

5 小球をレール上で運動させる実験を行った。（兵庫県）

〈実験1〉

図1のように，2本のまっすぐなレールを点Bでつなぎ合わせて，傾きが一定の斜面と水平面をつくる。レールには目盛りが入っており，移動距離を測定することができる。点Aはレールの一端である。(a)～(d)の手順で実験を行い，小球の移動距離を測定し，結果を表1にまとめた。小球はレールから摩擦力は受けず，点Bをなめらかに通過できるものとする。

図1

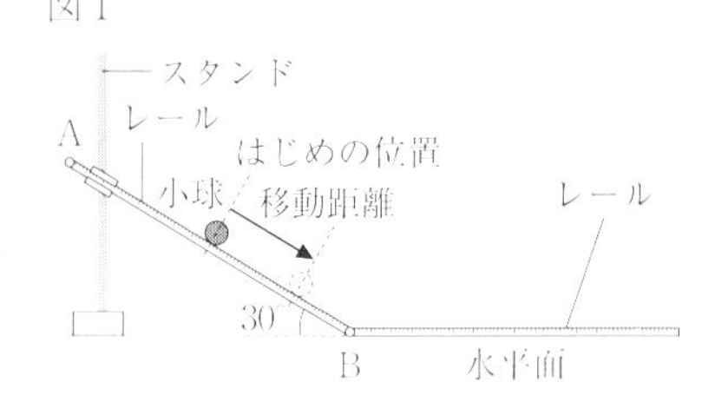

(a) 図1のように，斜面ABのレール上に小球を置いた。

(b) デジタルカメラの連写の時間間隔を0.1秒に設定し，カメラのリモートシャッターを押して連写をはじめた後に，小球からそっと手をはなして小球を運動させた。

(c) 小球が移動したことが確認できる最初の写真の番号を1とし，その後の番号を，2，3，4…と順につけた。

(d) レールの目盛りを読み，小球がはじめの位置からレール上を移動した距離を測定した。

大阪府公立高入試
対策問題集

各分野に特化した対策問題集で **得点を伸ばす！**

大阪府公立高入試
数学B･C問題
図形 対策問題集
改訂版

平面図形と空間図形の応用問題を
テーマ別基本演習＋実戦問題演習
で完全マスター
別冊 解説・解答
英俊社

発売中 大阪府公立高入試　数学 B･C 問題 図形対策問題集 改訂版

B5判　定価 1,320円（税込）　ISBN ：9784815435578

数学B問題･C問題において、図形は全体配点に占める割合が大きく、点数の差がつきやすい単元です。図形のみにクローズアップして作成した本書は図形を得点源にするための対策問題集です。

平面図形、空間図形では「入試のポイント」「基本の確認」「難易度別演習」を掲載。「相似」「三平方の定理」「円周角の定理」を含む図形の応用も徹底演習できます。

発売中 大阪府公立高入試　英語 C 問題 対策問題集 改訂版

B5判　定価 1,320円（税込）　ISBN ：9784815435561

英語 C 問題では、問題文を含めすべて英語で構成されています。また、問題も難易度の高いものが多く出題されています。

英語C問題に特化したGrammar（文法）、Reading（読む）、Writing（書く）、Listening（聞く）問題を集中して学習できます。

リスニング音声（WEB 無料配信）

大阪府公立高入試
英語C問題
対策問題集 改訂版

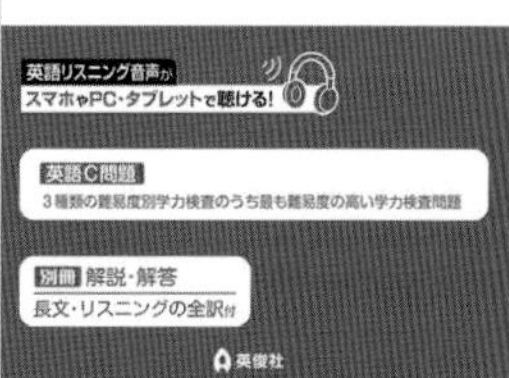

大阪府公立高入試
英語B問題
対策問題集

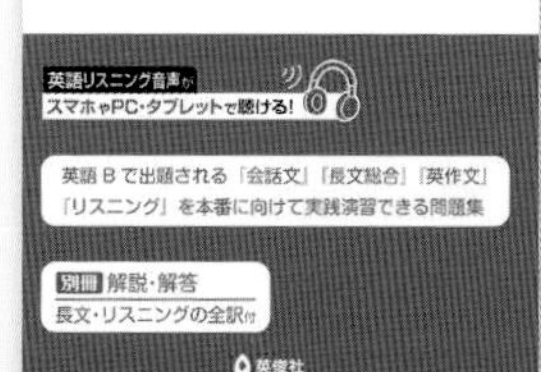

NEW 大阪府公立高入試　英語 B 問題 対策問題集

B5判　定価 1,320円（税込）　ISBN ：9784815441579

過去の出題を徹底分析し、英語 B 問題の出題傾向に焦点をしぼった問題集です。「会話文」「長文総合」「英作文」「リスニング」の各分野について B 問題の傾向や難易度に合わせた演習ができます。

リスニング音声（WEB 無料配信）　**2024年 7月中旬発刊予定**

大阪府
公立高入試
国語C問題
対策問題集
別冊 解説・解答
英俊社

大阪府公立高入試　国語 C 問題 対策問題集

B5判　定価 1,100円（税込）　ISBN ：9784815441586

傾向に合わせて国語の知識、長文読解、古文、作文の演習問題を厳選。ワンランク上の読解力、表現力を鍛えます。

国語 C 問題では、作文や記述量の多さがポイントです。

大阪府公立高入試　社会 形式別対策問題集

B5判　定価 1,100円（税込）　ISBN ：9784815441593

大阪府公立高（一般入学者選抜）で得点アップを目的とした問題集です。過去の正答率を基に分析し、特に取りこぼしやすい形式の問題を集めました。

「統計資料の読み取り」や「短文記述」など、対策必須の問題を収録しています。

大阪府公立高入試
社会
形式別 対策問題集

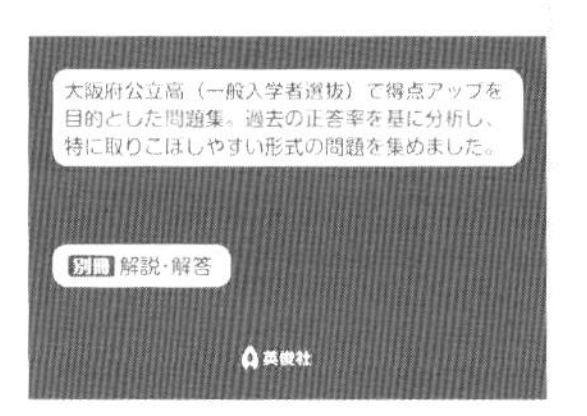

大阪府公立高入試
理科
形式別 対策問題集

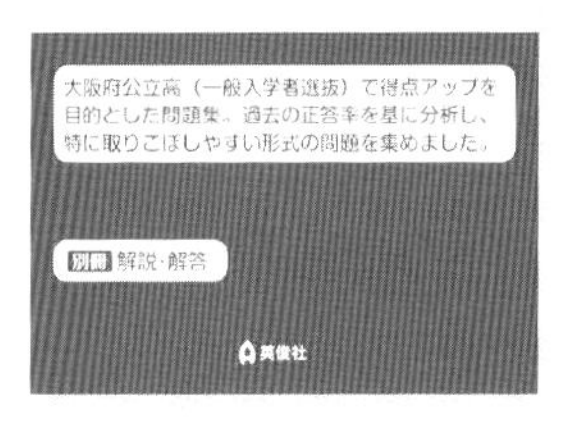

大阪府公立高入試　理科 形式別対策問題集

B5判　定価 1,100円（税込）　ISBN ：9784815441609

大阪府公立高（一般入学者選抜）で得点アップを目的とした問題集です。過去の正答率を基に分析し、特に取りこぼしやすい形式の問題を集めました。

必須の「知識問題」から「表・グラフの読み取り」、さらには「考察問題」や「新傾向問題」まで幅広く網羅しています。

好評につき4点新刊

中学・高校入試「赤本」の

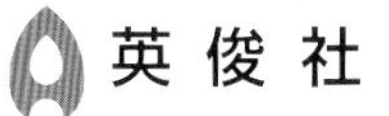

詳しくは英俊社のHPをご確認ください。

表1

	撮影された写真の番号							
	1	2	3	4	5	6	7	8
小球の移動距離〔cm〕	0.2	3.6	11.9	25.1	43.2	66.0	90.3	114.6

〈実験2〉

実験1の後，図2のように，斜面ABのレール上で，水平面からの高さが20cmの位置に小球を置いた。このとき，小球の位置と点Bの距離は40cmであった。実験1と同じ方法で測定し，結果を表2にまとめた。

図2

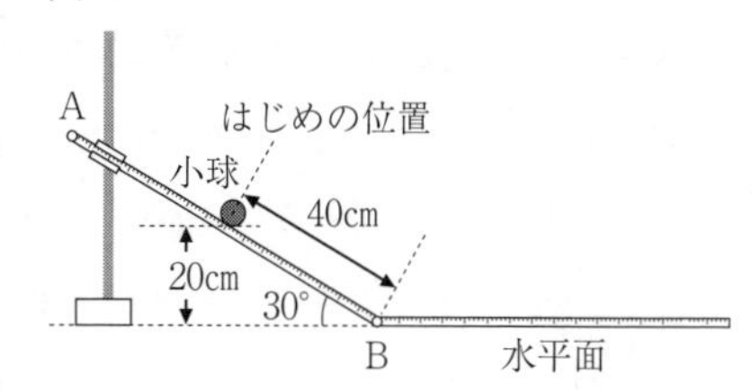

表2

	撮影された写真の番号							
	1	2	3	4	5	6	7	8
小球の移動距離〔cm〕	0.9	6.3	16.6	31.8	51.1	70.9	90.7	110.5

(問) 実験1，2の結果について説明した次の文の[①]に入る区間として適切なものを，後のア～エから一つ選びなさい。また，[②]，[③]に入る語句の組み合わせとして適切なものを，後のア～エから一つ選びなさい。

①(　　　)　②・③(　　　)

実験1において，手をはなした小球は，表1の[①]の間に点Bを通過する。また，水平面での小球の速さは実験2のほうが[②]ため，実験1において，小球のはじめの位置の水平面からの高さは20cmよりも[③]。

【①の区間】　ア　3番と4番　　イ　4番と5番　　ウ　5番と6番　　エ　6番と7番

【②・③の語句の組み合わせ】　ア　②　大きい　③　低い　　イ　②　小さい　③　低い
ウ　②　大きい　③　高い　　エ　②　小さい　③　高い

3　考察問題

学習のポイント

実験や観察の考察問題では，問題文の条件を読み取ったうえで，その結果を分析し，考察する力が問われる。本章でさまざまな問題にふれて練習をしておこう。

《実際の大阪府公立高入試問題から》

【実験】　Gさんは，材質と厚さが同じで，片面のみが黒く，その黒い面の面積が150cm^{2}である板を4枚用意し，a，b，c，dとした。Gさんは自宅近くの公園で，図のように，太陽光が当たる水平な机の上で，a～dを水平面からの角度を変えて南向きに設置した。板を設置したときに，黒い面の表面温度を測定したところ，どの板も表面温度が等しかった。板を設置してから120秒後，a～dの黒い面の表面温度を測定した。当初，Gさんは，実験を春分の日の正午ごろに行う予定であったが，その日は雲が広がっていたため，翌日のよく晴れた正午ごろに行った。

図

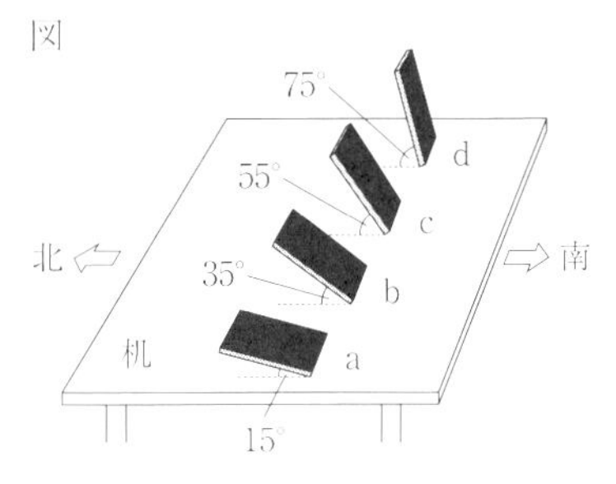

（編集部注）　Gさんの自宅近くの公園は，北緯34.5°の地点にある。

【Gさんが太陽光が当たる角度と太陽光から受け取るエネルギーについて調べたこと】

同じ時間で比較すると，太陽光に対して垂直に近い角度で設置された板ほど，単位面積あたりに太陽光から受け取るエネルギーは大きい。

【実験の結果と考察】

・板を設置してから120秒後，板a～dのうち，黒い面の表面温度が最も高かった板は［　　　］であった。

・板を設置してからの120秒間で，単位面積あたりに太陽光から受け取ったエネルギーが大きい板の方が，黒い面の表面温度はより上昇することが分かった。

(問)　図中のa～dのうち，上の文中の［　　　］に入ると考えられるものとして最も適しているものはどれか。一つ選び，記号を○で囲みなさい。（　a　　b　　c　　d　）

【解答を導くヒント】

・実験を行った日は，春分の日。

・太陽光に対して垂直に近い角度で設置された板ほど，単位面積あたりに太陽光から受け取るエネルギーは大きく，黒い面の表面温度はより上昇する。

・春分の日の南中高度は，90°－緯度で求められる。板と太陽光の角度が90°に近いものを選ぶ。
　→板を傾けた角度＋板と太陽光の角度＋南中高度＝180°

［解答］ b

《類題チャレンジ☆》

1　霧が発生する条件について調べるために，次の実験(1)，(2)，(3)，(4)を順に行った。(栃木県[改題])

(1)　室内の気温と湿度を測定すると，25 ℃，58 %であった。

(2)　ビーカーを 3 個用意し，表面が結露することを防ぐため，ビーカーをドライヤーであたためた。

(3)　図のように，40 ℃のぬるま湯を入れたビーカーに氷水の入ったフラスコをのせたものを装置 A，空(から)のビーカーに氷水の入ったフラスコをのせたものを装置 B，40 ℃のぬるま湯を入れたビーカーに空のフラスコをのせたものを装置 C とした。

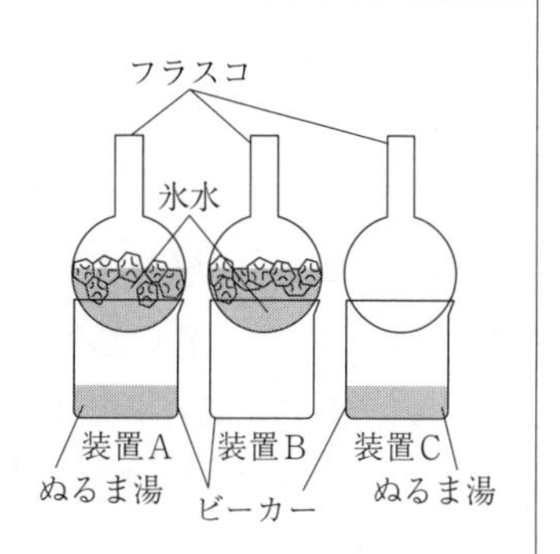

(4)　すべてのビーカーに線香のけむりを少量入れ，ビーカー内部のようすを観察した。表は，その結果をまとめたものである。

	装置 A	装置 B	装置 C
ビーカー内部のようす	白いくもりがみられた。	変化がみられなかった。	変化がみられなかった。

(問)　装置 A と装置 B の結果の比較や，装置 A と装置 C の結果の比較から，霧が発生する条件についてわかることを，ビーカー内の空気の状態に着目して，それぞれ簡潔に書きなさい。

装置 A と装置 B の結果の比較（　　　　　　　　　　　　　　　　　　）

装置 A と装置 C の結果の比較（　　　　　　　　　　　　　　　　　　）

2　電磁誘導について調べる実験に関して，後の問いに答えよ。(香川県[改題])

実験　右の図Ⅰのように，コイルを検流計につなぎ，棒磁石の N 極を下向きにして，棒磁石の N 極を水平に支えたコイルの上からコイルの中まで動かす実験をすると，検流計の針は左に少し振れた。

図Ⅰ

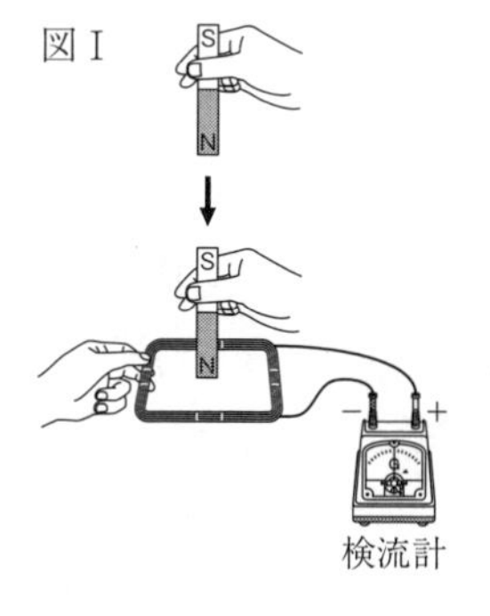

(問)　次の図Ⅱのように，水平に支えたコイルの面の向きと検流計のつなぎ方は実験と同じ状態で，棒磁石の S 極を上向きにして，棒磁石の S 極をコイルの下からコイルの中まで動かし，いったん止めてから元の位置まで戻した。このとき，検流計の針の振れ方はどのようになると考えられるか。最も適当なものを，後のア～エから一つ選びなさい。(　　　)

図Ⅱ

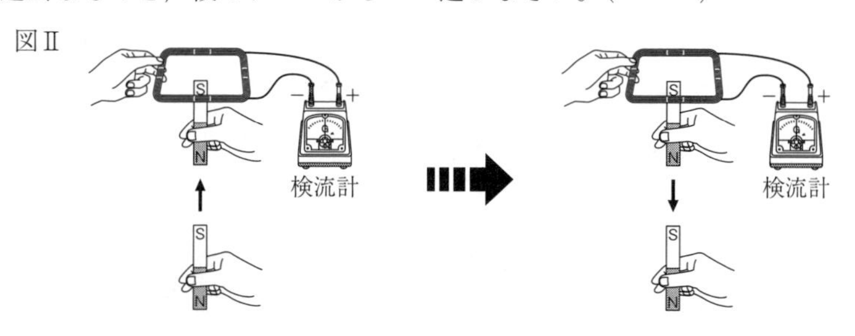

ア　右に振れて，一度真ん中に戻り，左に振れる

イ　左に振れて，一度真ん中に戻り，右に振れる

ウ　右に振れて，一度真ん中に戻り，再び右に振れる

エ　左に振れて，一度真ん中に戻り，再び左に振れる

3　次の実験を行った。　（岐阜県［改題］）

〔実験〕 4本の試験管A～Dを用意し，それぞれにデンプン溶液を10cm^{3}入れた。さらに，試験管A，Cには，水で薄めただ液を2cm^{3}ずつ入れ，試験管B，Dには，水を2cm^{3}ずつ入れた。それぞれの試験管を振り混ぜた後，図のようにヒトの体温に近い約40℃の湯の中に試験管A，Bを，氷水の中に試験管C，Dを，それぞれ10分間置いた。その後，試験管A～Dに入っている液体を半分に分け，一方にヨウ素液を入れ，もう一方にベネジクト液と沸騰石を入れてガスバーナーで加熱し，それぞれの試験管の中の様子を観察した。表は，その結果をまとめたものである。

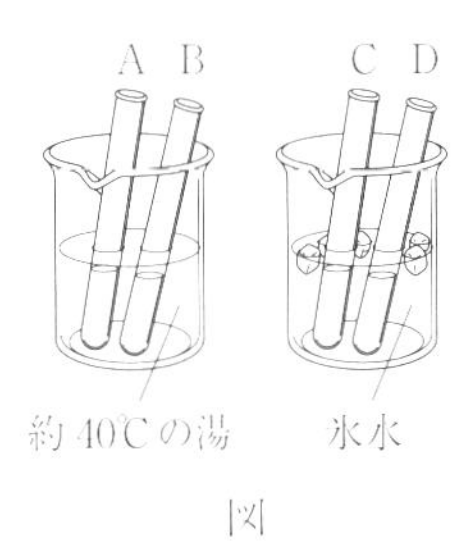

図

	ヨウ素液との反応による色の変化	ベネジクト液との反応による変化
A	変化しなかった。	赤褐色の沈殿が生じた。
B	青紫色に変化した。	変化しなかった。
C	青紫色に変化した。	変化しなかった。
D	青紫色に変化した。	変化しなかった。

表

(問)　次の［　　］の(1)，(2)に当てはまる最も適切なものを，後のア～カからそれぞれ1つずつ選びなさい。(1)(　　　)　(2)(　　　)

実験で，試験管［(1)］の結果を比べると，だ液にはデンプンを他の糖に分解するはたらきがあることが分かる。また，試験管［(2)］の結果を比べると，だ液のはたらきが温度によって変化することが分かる。

ア　AとB　　イ　AとC　　ウ　AとD　　エ　BとC　　オ　BとD　　カ　CとD

4　モノコードを用いて，はじく弦の太さや長さ，弦を張るおもりの質量をかえ，弦をはじいたときの音の振動数を調べる実験Ⅰ～Ⅳを行った。表は，その結果をまとめたものである。（熊本県［改題］）

表

	弦の太さ〔mm〕	弦の長さ〔cm〕	おもりの質量〔g〕	振動数〔Hz〕
実験Ⅰ	0.3	20	800	270
実験Ⅱ	0.3	20	1500	370
実験Ⅲ	0.3	60	1500	125
実験Ⅳ	0.5	20	1500	225

(1)　表において，弦の長さと音の高さの関係を調べるには，［①］を比較するとよい。また，弦の太さと音の高さの関係を調べるには，［②］を比較するとよい。

[①], [②] に当てはまるものを，次のア～カからそれぞれ一つずつ選びなさい。

①(　　　)　②(　　　)

ア　実験Ⅰと実験Ⅱ　　イ　実験Ⅰと実験Ⅲ　　ウ　実験Ⅰと実験Ⅳ

エ　実験Ⅱと実験Ⅲ　　オ　実験Ⅱと実験Ⅳ　　カ　実験Ⅲと実験Ⅳ

(2)　20cm の長さの弦と 1500g のおもりを使って，200Hz の音を出すためには，弦の太さを ①(ア　0.3mm より細く　イ　0.3mm より太く 0.5mm より細く　ウ　0.5mm より太く) する必要がある。また，0.3mm の太さの弦と 800g のおもりを使って，150Hz の音を出すためには，弦の長さを ②(ア　20cm より短く　イ　20cm より長く 60cm より短く　ウ　60cm より長く) する必要がある。

①，②の（　）の中からそれぞれ最も適当なものを一つずつ選びなさい。

①(　　　)　②(　　　)

5　植物が葉以外で光合成や呼吸を行うかを調べるために，緑色のピーマンと赤色のピーマンの果実を用意して，実験を行いました。（滋賀県[改題]）

【実験】

〈方法〉

① 緑色のピーマン，赤色のピーマンをそれぞれ同じ大きさに切る。

② 青色の BTB 溶液にストローで息を吹き込んで，緑色にしたものを試験管 A から F に入れる。

③ 図のように，試験管 A，B には緑色のピーマンを，試験管 C，D には赤色のピーマンを，BTB 溶液に直接つかないようにそれぞれ入れ，ゴム栓をする。なお，試験管 E，F にはピーマンは入れない。

④ 試験管 A，C，E には十分に光を当てる。試験管 B，D，F には光が当たらないようにアルミニウムはくでおおう。

図

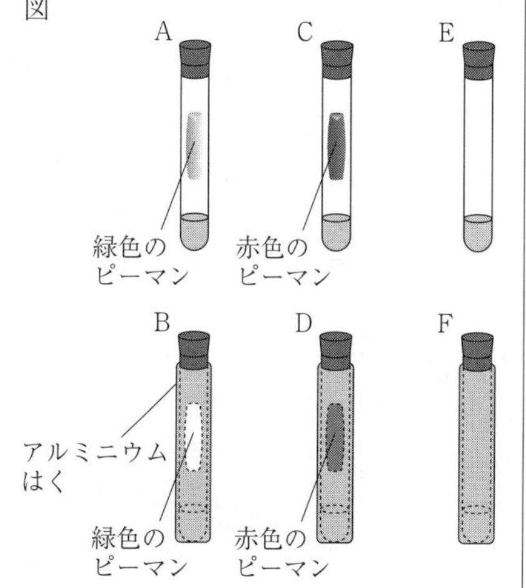

⑤ 3 時間後，BTB 溶液がピーマンに直接つかないように試験管を軽く振り，BTB 溶液の色の変化を観察する。

〈結果〉

表は，実験の結果をまとめたものである。

表

試験管	A	B	C	D	E	F
BTB 溶液の色の変化	緑色→青色	緑色→黄色	緑色→黄色	緑色→黄色	緑色→緑色	緑色→緑色

(問) 実験の結果からわかることは何ですか。次のア～カから2つ選びなさい。(　　　)(　　　)

ア　光が当たっているときのみ呼吸を行う。

イ　光が当たっていないときのみ呼吸を行う。

ウ　光が当たっているかどうかに関わらず呼吸を行う。

エ　光が当たっているかどうかに関わらず呼吸を行わない。

オ　呼吸を行うかどうかはピーマンの色が関係する。

カ　呼吸を行うかどうかはピーマンの色には関係しない。

6　Kさんは，いくつかの地域の露頭を観察した。(神奈川県[改題])

〔観察〕 それぞれ異なる地域にある露頭X，露頭Yを観察した。図1と図2はそれぞれ露頭Xと露頭Yのスケッチである。

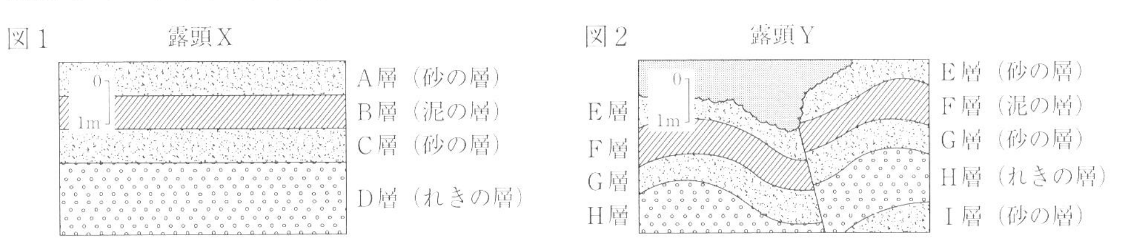

(1) 次の□は，図1の露頭Xにみられる地層の成り立ちについてKさんがまとめたものである。文中の（あ），（い）にあてはまるものの組み合わせとして最も適するものを，後のア～クから一つ選びなさい。(　　　)

露頭Xにみられる地層の成り立ちを，海水面の変動と関連付けて考える。この地層に上下の逆転がないとすると，D層が堆積した当時，堆積した場所は河口から（あ）場所にあり，その後，海水面が（い）ことで堆積した場所の河口からの距離が変化し，C層，B層，A層が堆積したと考えられる。

ア．あ：遠い　い：上昇し続けた　　イ．あ：遠い　い：上昇したのち，下降した

ウ．あ：遠い　い：下降し続けた　　エ．あ：遠い　い：下降したのち，上昇した

オ．あ：近い　い：上昇し続けた　　カ．あ：近い　い：上昇したのち，下降した

キ．あ：近い　い：下降し続けた　　ク．あ：近い　い：下降したのち，上昇した

(2) 図2の露頭Yにみられる断層やしゅう曲は，地層にどのような力がはたらいてできたと考えられるか。最も適するものを，次のア～エから一つ選びなさい。(　　　)

ア．露頭Yの断層としゅう曲はどちらも，地層を押す力がはたらいてできた。

イ．露頭Yの断層としゅう曲はどちらも，地層を引く力がはたらいてできた。

ウ．露頭Yの断層は地層を押す力がはたらいてでき，しゅう曲は地層を引く力がはたらいてできた。

エ．露頭Yの断層は地層を引く力がはたらいてでき，しゅう曲は地層を押す力がはたらいてできた。

7 手指消毒液に利用されているエタノールについて，状態変化の実験を行った。 (沖縄県)

〈実験〉

ポリエチレンの袋に液体のエタノールを少量入れて袋の中の空気を抜いた後，密閉した。これに90℃のお湯をかけると，ポリエチレンの袋はふくらんで液体のエタノールは確認できなかった。また，お湯をかける前とかけた後で袋全体の質量は変化しなかった。

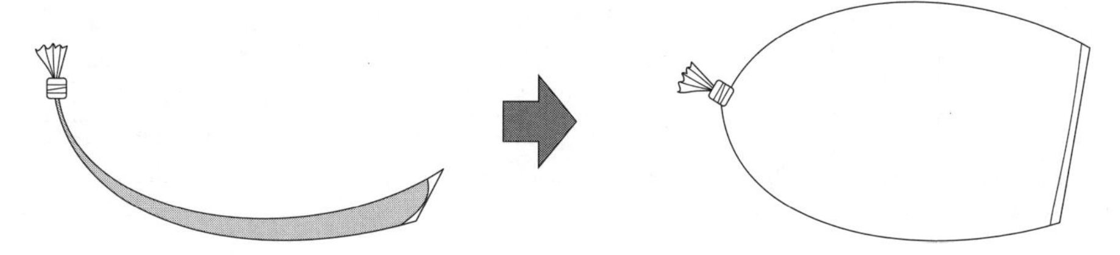

〈考察〉

お湯をかけた後，ポリエチレンの袋の中に液体のエタノールが確認できなかったことから，液体のエタノールがすべて気体に変化したと考えた。教科書で調べると，エタノール分子の状態変化を粒子のモデルで表すと次のようになることがわかった。

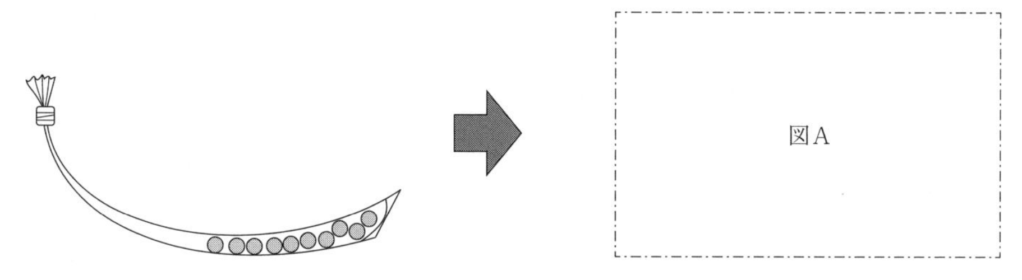

↑液体のエタノール分子　　↑気体のエタノール分子

また，エタノール分子の運動は，気体と液体で比べると［ B ］ことがわかった。したがって，ポリエチレンの袋がふくらんだ理由は，気体のエタノール分子に原因があるといえる。

(1) 文中の図Aに最も適当な内容を，次のア～ウから1つ選びなさい。(　　　)

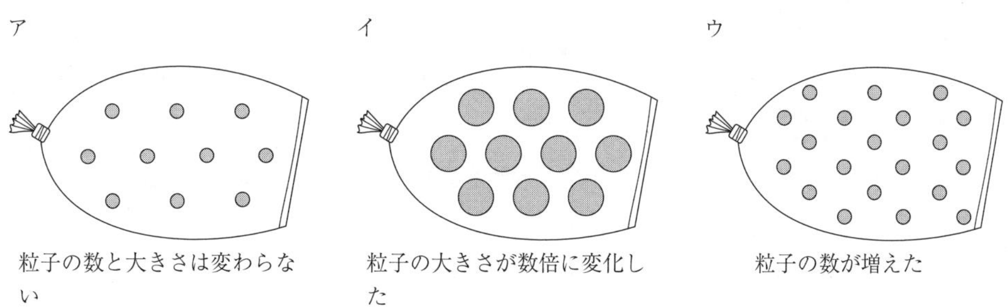

(2) 文中の［ B ］に入る語句として最も適当なものを，次のア～ウから1つ選びなさい。(　　　)

ア 気体のほうが緩やかになる　イ 気体のほうが激しくなる　ウ どちらも変わらない

《類題チャレンジ☆☆》

1 次の図のように，6本の試験管を準備し，硫酸マグネシウム水溶液，硫酸亜鉛水溶液，硫酸銅水溶液をそれぞれ2本ずつに入れた。次に，硫酸マグネシウム水溶液には亜鉛板と銅板を，硫酸亜鉛水溶液にはマグネシウムリボンと銅板を，硫酸銅水溶液にはマグネシウムリボンと亜鉛板をそれぞれ入れて変化を観察した。次の表は，その結果をまとめたものである。　（青森県）

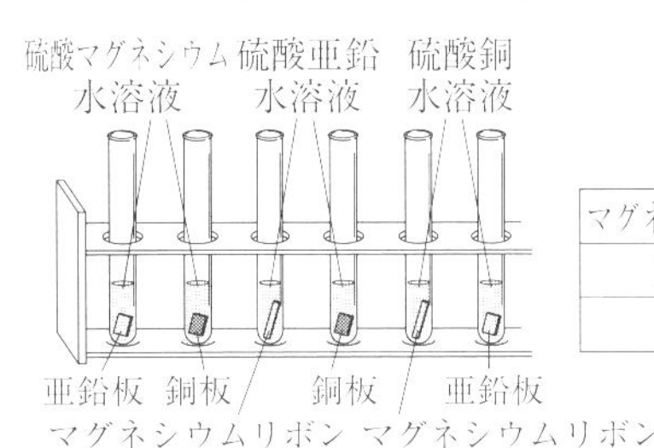

	硫酸マグネシウム水溶液	硫酸亜鉛水溶液	硫酸銅水溶液
マグネシウムリボン		亜鉛が付着した	銅が付着した
亜鉛板	変化しなかった		銅が付着した
銅板	変化しなかった	変化しなかった	

(問) マグネシウム，亜鉛，銅を陽イオンになりやすい順に左から並べたものとして適切なものを，次のア～カから一つ選びなさい。(　　　)

ア　マグネシウム・亜鉛・銅　　イ　マグネシウム・銅・亜鉛　　ウ　亜鉛・マグネシウム・銅
エ　亜鉛・銅・マグネシウム　　オ　銅・マグネシウム・亜鉛　　カ　銅・亜鉛・マグネシウム

2 徳島県で，ある年の4月から5月にかけて月の形と位置の変化を観測した。　（徳島県[改題]）

月の形と位置の変化の観測

4月25日から5月7日までの間に，同じ場所で午後7時に月の観測を行い，月の形と位置の変化を調べて，図1のようにスケッチした。4月26日，5月2日，5月3日，5月5日，5月6日については，天気がくもりや雨であったため，月を観測することができなかった。

図1

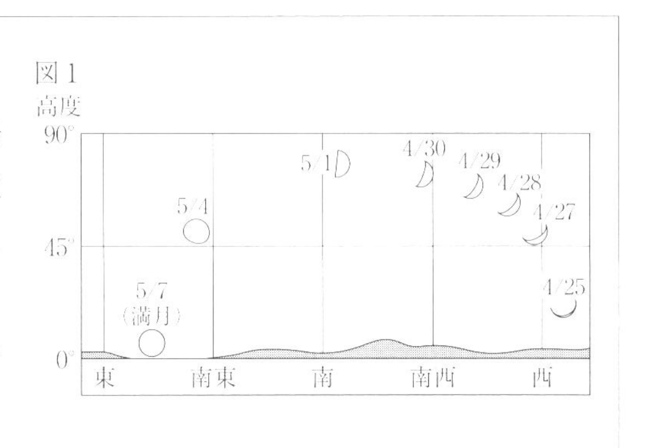

図1の観測記録から，同じ時刻に観測すると，月は1日に，およそ12°ずつ西から東に動いて見えることがわかった。

(問) 図2は，地球のまわりを公転する月のようすを模式的に表したもので，月が公転する向きはa・bのいずれかである。次の文は，月が南中する時刻の変化と，月が地球のまわりを公転する向きについて述べたものである。正しい文になるように，文中の①・②について，ア・イのいずれかをそれぞれ選びなさい。①(　　　)　②(　　　)

図2

月が公転する軌道
a
地球
月
b
地球が自転する向き

図1の観測記録から考えると，月が南中する時刻は，前日より①[ア　早く　イ　遅く]なることがわかる。これは，月が地球のまわりを，図2の②[ア　a　イ　b]の向きに公転しているためである。

3 花さんと健さんは，根が成長するしくみについて疑問をもち，タマネギの根を顕微鏡（けんびきょう）で観察した。次の□内は，その観察の手順と結果である。（福岡県）

【手順】

① 図のように，水につけて成長させたタマネギの根の先端部分を，約5mm切りとる。

② 切りとった根を，うすい塩酸に入れて，数分間あたためた後，水洗いする。

③ 水洗いした根を，スライドガラスにのせ，染色液を1滴（てき）落として柄（え）つき針でほぐし，数分間置く。

④ スライドガラスにカバーガラスをかぶせてプレパラートを作成する。

⑤ AとBを，顕微鏡の倍率を同じにして，それぞれ観察し，スケッチする。

図

切り口

B（根の先端から少しはなれた部分）

A（根の先端に近い部分）

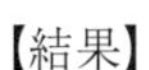
【結果】

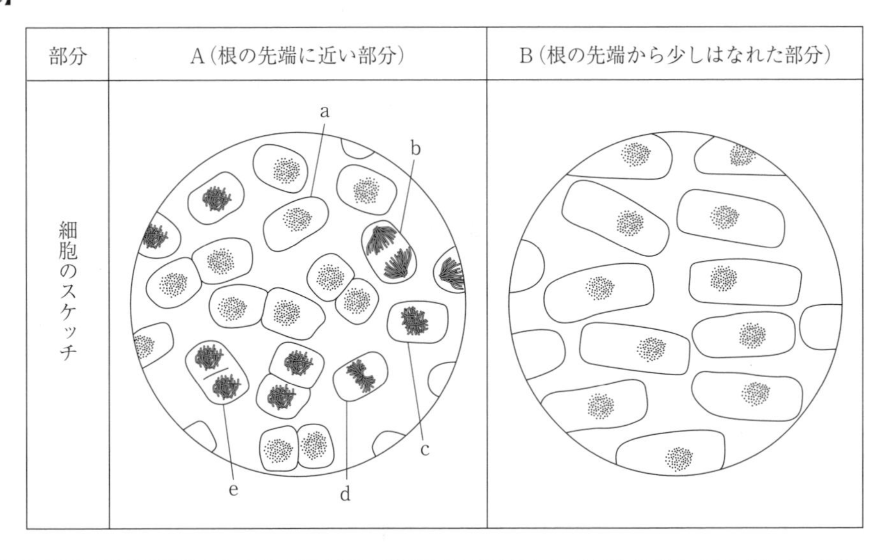

部分	A（根の先端に近い部分）	B（根の先端から少しはなれた部分）
細胞のスケッチ		

(問) 次は，結果をふまえて，根が成長するしくみについて考察しているときの，花さんと健さんと先生の会話の一部である。

結果から何か気づいたことはありませんか。

Bに比べてAでは，細胞の大きさは小さく，さまざまな大きさの細胞がたくさん見られます。

Aの細胞の中には，いろいろな形をしたひも状のものが見られますが，Bの細胞の中には見られません。

よく気づきましたね。Aの細胞の中に見られるひも状のものは，染色体といい，細胞が分裂するときに見られます。それでは，結果から気づいたことをもとに，どのようにして根が成長するのか考えてみましょう。

いろいろな形の染色体が見られたAで，細胞が分裂することによって根が成長すると考えられます。

そうですね。さらに，花さんが結果から気づいたことに着目して，細胞にどのような変化が起きるか考えてみるとどうですか。

Aで細胞が分裂することによって〔　　〕ことで，根が成長するといえます。

その通りです。

(1) 会話文中の下線部について，【結果】のa～eで示す細胞を，aを1番目として細胞が分裂していく順に並べ，記号で答えよ。（ a →　　→　　→　　→　　）

(2) 会話文中の〔　　〕にあてはまる内容を，簡潔に書け。

（　　　　　　　　　　　　　　　　　　　　　　　　　　　　　　）

4 斜面を下る台車の運動を調べる実験を行った。次の□内は，その実験の手順である。ただし，摩擦や空気の抵抗，テープの重さ，テープの伸びは考えないものとする。（福岡県[改題]）

手順1　図1のように，斜面に固定した記録タイマーに通したテープを，斜面上のA点に置いた台車につける。

手順2　テープから静かに手を離し，台車がA点からB点まで斜面を下るようすを，$\frac{1}{60}$秒ごとに打点する記録タイマーで記録する。

手順3　テープのはじめの，打点の重なっている部分は使わずに，残りのテープを打点が記録された順に6打点ごとに①～④に切り分ける。

手順4　図2のように，①～④を順に左から台紙にはる。

手順5　図2の①～④のテープの長さから，各区間の台車の平均の速さを求め，表に記入する。

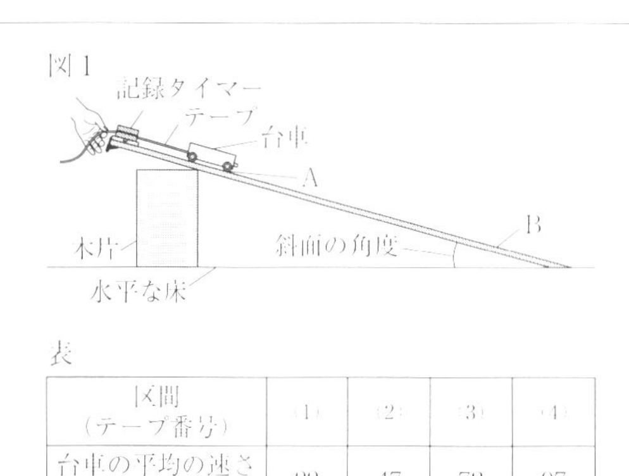

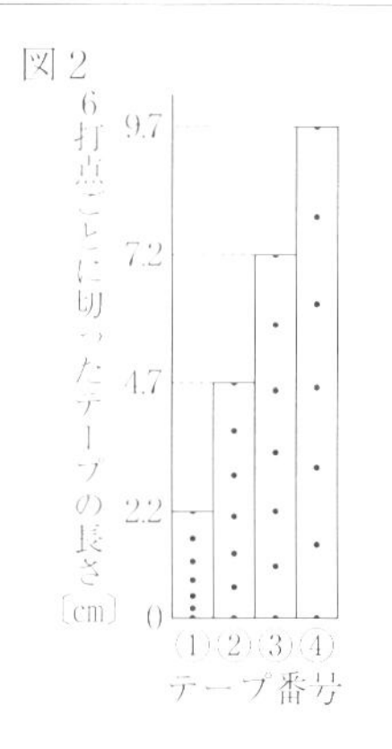

表

区間（テープ番号）	①	②	③	④
台車の平均の速さ〔cm/s〕	22	47	72	97

(問) 次は，表をもとに，台車の速さの変化について考察しているときの，花さんと健さんと先生の会話の一部である。

表から何か気づいたことはありませんか。

各区間の平均の速さが増加していくことから，台車はだんだん速くなっていることがわかります。

表から速さの増え方を求めると，速さが（ X ）とともに一定の割合で変化していることがわかります。

よく気づきましたね。それでは，台車の速さの変化について，台車が受けている力に着目して考えてみましょう。

〈花さんの考え〉

台車はだんだん速くなっているので，台車が斜面を下るにつれて，台車が運動の向きに受ける力は大きくなっていくと思います。

〈健さんの考え〉

速さが一定の割合で変化しているので，斜面を下っている間は，台車が運動の向きに受ける力の大きさは変わらないと思います。

よく考えましたね。それでは，ばねばかりを用いて，台車が受ける力を調べてみましょう。花さんの考えと健さんの考えを確かめるためには，どのような実験を行えばよいでしょうか。

斜面上のA点とB点で，台車が受けている斜面に平行な力の大きさを，それぞれはかります。私の考えが正しいならば，力の大きさは（ Y ）なると思います。花さんの考えが正しいならば，力の大きさは（ Z ）なると思います。

そのとおりです。

(1) 会話文中の（ X ）に，適切な語句を入れよ。（　　　）

(2) 会話文中の（ Y ），（ Z ）に，あてはまる内容として，最も適切なものを，次のア～ウからそれぞれ1つずつ選び，番号を書け。Y（　　　） Z（　　　）

ア A点よりB点の方が大きく　　イ A点とB点で等しく

ウ B点よりA点の方が大きく

4　思考問題

学習のポイント

与えられた情報をもとにその場で思考し，解答する問題では，差がつきやすく，正答率も低い。思考力に加え，計算力・読解力を問うさまざまな問題にふれて対策を十分にしておこう。

《実際の大阪府公立高入試問題から》

Jさんは，顕微鏡の倍率を400倍にしてコウジカビを観察し，図Iに示すような装置を用いて画像に記録した。次に，記録したコウジカビの細胞の大きさをミジンコの大きさと比較するために，顕微鏡の倍率を100倍にしてミジンコを観察し，画像に記録した。記録した画像では，コウジカビの細胞が5個連なったものの長さとミジンコ全体の長さがそれぞれ顕微鏡の視野の直径と一致していた。図IIはそのようすをJさんがスケッチしたものである。図II中に示したコウジカビの細胞の実際の長さK〔mm〕とミジンコの実際の長さL〔mm〕の比はいくらと考えられるか，求めなさい。答えは最も簡単な**整数の比**で書くこと。ただし，図II中におけるコウジカビの細胞5個の大きさはすべて等しく，顕微鏡の倍率が変わっても顕微鏡の視野の直径は一定であるものとする。

K：L＝(　　：　　)

図I

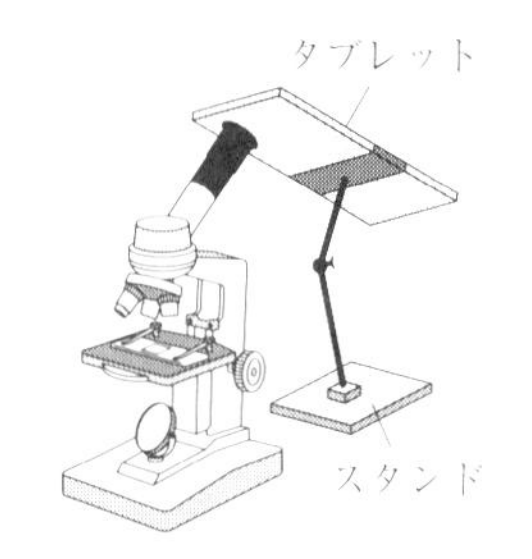

図II

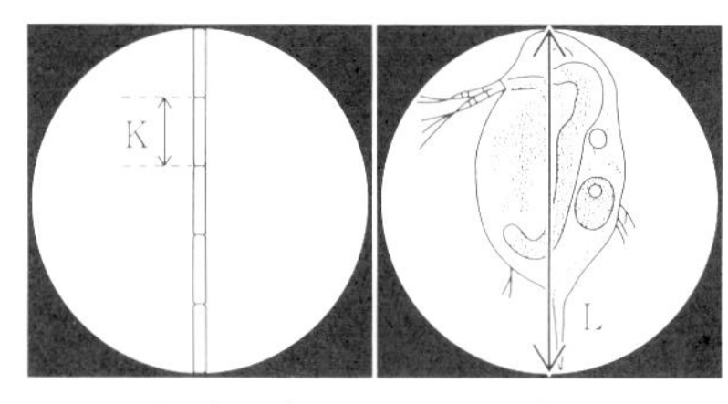

コウジカビ（倍率400倍）　　ミジンコ（倍率100倍）

【解答を導くヒント】

・図IIで，左右の視野の直径が異なる点に注意。
・図IIで，コウジカビの倍率をミジンコと同じ100倍にすると，コウジカビの縦・横の長さは図IIの4分の1になる。

［解答］K：L＝1：20

《類題チャレンジ☆》

1 ある地震を，X，Yの2地点で観測した。地点Xでは，震源までの距離が150km，震央までの距離が90km，初期微動継続時間が20秒であった。このとき，震央までの距離が160kmの地点Yにおいて，初期微動継続時間は何秒か，求めなさい。ただし，小数第2位を四捨五入すること。なお，地点X，Yと震央は同じ標高とし，この地域での地震波の伝わる速さは一定であるものとする。

(　　　秒)（石川県）

2 関東地方では，日本海にある低気圧に向かって南の風がふいていた。太平洋側の平野(へいや)で気温17℃，湿度80％であった空気のかたまりが，山の斜面に沿って上昇しながら雨を降らせ，山をこえて日本海側の平野へふき下りたとき，気温25℃，湿度30％になっていた。この空気のかたまりが山をこえたときに失った水蒸気の量は，初めに含んでいた水蒸気の量の約何％か，小数第1位を四捨五入して整数で書きなさい。なお，表は，それぞれの気温（空気の温度）に対する飽和(ほうわ)水蒸気量を表している。(　　　％)

（千葉県[改題]）

表

気温〔℃〕	10	11	12	13	14	15	16	17	18	19
飽和水蒸気量〔g/m^3〕	9.4	10.0	10.7	11.4	12.1	12.8	13.6	14.5	15.4	16.3

気温〔℃〕	20	21	22	23	24	25	26	27	28	29
飽和水蒸気量〔g/m^3〕	17.3	18.3	19.4	20.6	21.8	23.1	24.4	25.8	27.2	28.8

3 光が鏡にあたって進むようすを調べるために，次の実験を行った。（山梨県）

〔実験〕 図1のように，光源装置と鏡A，鏡Bを置き，真上から見たところ，光源装置の光が鏡にあたって進むようすが観察できた。ただし，鏡A，鏡Bの面のなす角度は90°であり，図1には，観察した光の道すじの一部を示している。

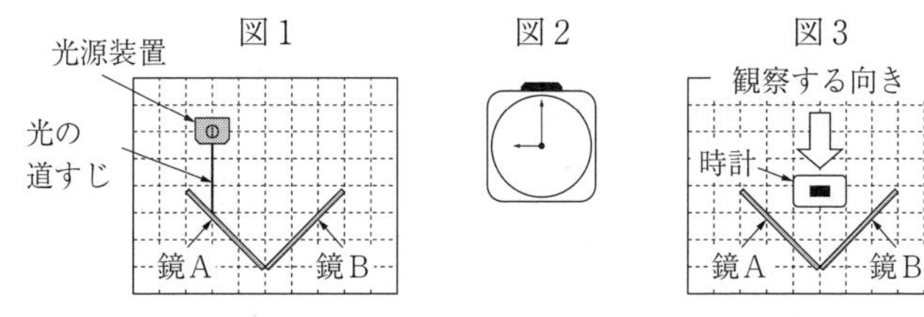

(1) 光源装置の光が鏡Aにあたった後に進む光の道すじを，実線（――）でかきなさい。

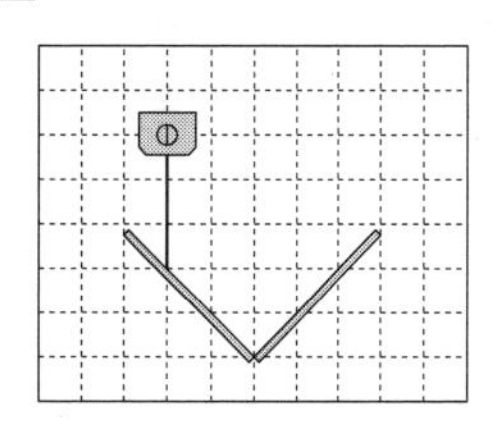

(2) 〔実験〕の光源装置のかわりに図2の時計を使って，鏡にうつる像について調べた。図3のように時計を置き，時計の文字盤を鏡に向けた。図3の矢印⇨の向きから観察したとき，正面と左右に時計の像がうつって見えた。正面に見える時計の像はどれか，次のア～エから一つ選びなさい。(　　　)

ア 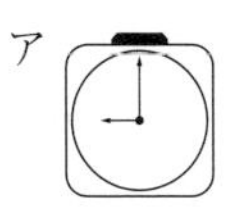
イ 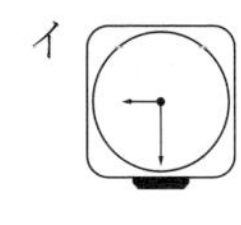
ウ 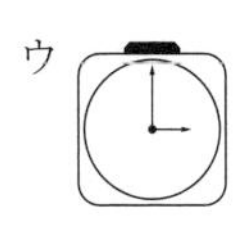
エ 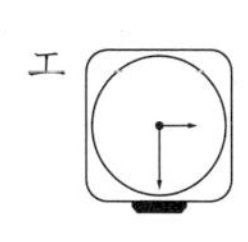

4 弦をはじいたときの音の高さについて調べるため，次の〔実験1〕と〔実験2〕を行った。(愛知県)

〔実験1〕

① 図のように，定滑車を取り付けた台の点Aに弦Xの片方の端を固定し，2つの同じ三角柱の木片の上と定滑車を通しておもりをつるした。

　ただし，木片間の距離はL_1，おもりの質量はM_1とする。

図

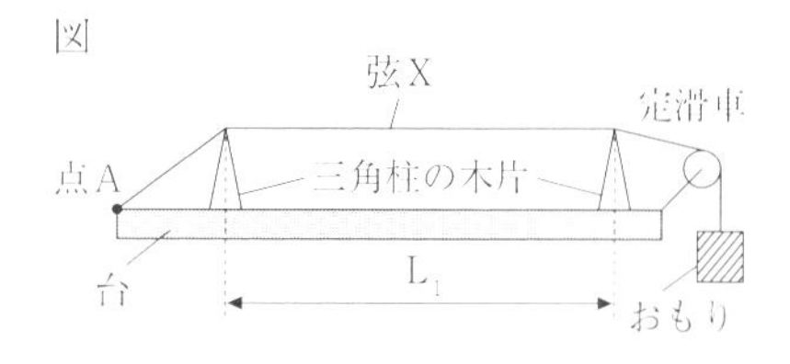

② 弦をはじいて，音の高さを調べた。

③ 距離L_1とおもりの質量M_1をそのままにして，弦を弦Xより細い弦Yに取りかえ，弦をはじいて，音の高さを調べた。

〔実験1〕では，弦Yのほうが，音が高かった。

〔実験2〕

〔実験1〕の装置を用いて，木片間の距離，弦の種類，おもりの質量をかえ，弦をはじいて，音の高さを調べた。

　表は，そのときの条件を〔実験1〕も含めて整理したものである。

　ただし，木片間の距離L_2はL_1より短く，おもりの質量M_2はM_1より小さいものとする。

実験の結果，条件ⅠからⅣまでのうち，2つの条件で音の高さが同じであった。

表

	木片間の距離	弦	おもりの質量
Ⅰ	L_1	X	M_2
Ⅱ			M_1
Ⅲ		Y	
Ⅳ	L_2	X	

(問) 実験で発生する音の高さが同じになる2つの条件の組み合わせとして最も適当なものを，次のアからオまでの中から選んで，そのかな符号を書きなさい。

(　　　)

ア Ⅰ，Ⅱ　　イ Ⅰ，Ⅲ　　ウ Ⅰ，Ⅳ　　エ Ⅱ，Ⅲ　　オ Ⅲ，Ⅳ

5 ヒトの刺激に対する反応について調べるため，次の〔実験〕を行った。(愛知県)

〔実験〕

① 図のように，16人が手をつないで輪をつくった。

② Aさんは，左手にもったストップウォッチをスタートさせるのと同時に，右手でとなりの人の左手をにぎった。

③ 左手をにぎられた人は，右手でとなりの人の左手をにぎることを順に行った。

④ 16人目のBさんは，Aさんから右手でストップウォッチを受け取り，自分の左手をにぎられたらストップウォッチを止め，時間を記録した。

⑤ ②から④までを，さらに2回繰り返した。

図

〔実験〕における3回の測定結果の平均は，4.9秒であった。

この〔実験〕において，左手の皮膚が刺激を受け取ってから右手の筋肉が反応するまでにかかる時間は，次の a から c までの時間の和であるとする。

a	左手の皮膚から脳まで，感覚神経を信号が伝わる時間
b	脳が，信号を受け取ってから命令を出すまでの時間
c	脳から右手の筋肉まで，運動神経を信号が伝わる時間

(問)　この〔実験〕において，脳が，信号を受け取ってから命令を出すまでの時間は，1 人あたり何秒であったか，小数第 1 位まで求めなさい。

ただし，感覚神経と運動神経を信号が伝わる速さを 60m/秒とし，信号を受けた筋肉が収縮する時間は無視できるものとする。また，左手の皮膚から脳までの神経の長さと，脳から右手の筋肉までの神経の長さは，それぞれ 1 人あたり 0.8m とする。

なお，A さんは，ストップウォッチをスタートさせるのと同時にとなりの人の手をにぎっているので，計算する際の人数には入れないこと。(　　　秒)

6　だ液によるデンプンの消化について調べるために，次の実験を行った。（栃木県[改題]）

セロハンチューブを 2 本用意し，デンプン溶液と水を入れたセロハンチューブをチューブ A，デンプン溶液と水でうすめただ液を入れたセロハンチューブをチューブ B とした。図のように，チューブ A，B をそれぞれ約 40 ℃の水が入った試験管 C，D に入れ，約 40 ℃に保ち 60 分間放置した。その後，チューブ A，B および試験管 C，D からそれぞれ溶液を適量とり，新しい試験管 A′，B′，C′，D′ に入れ，それぞれの試験管に試薬を加えて色の変化を調べた。表は，その結果をまとめたものである。なお，セロハンチューブはうすい膜でできており，小さな粒子が通ることができる一定の大きさの微小な穴が多数あいている。

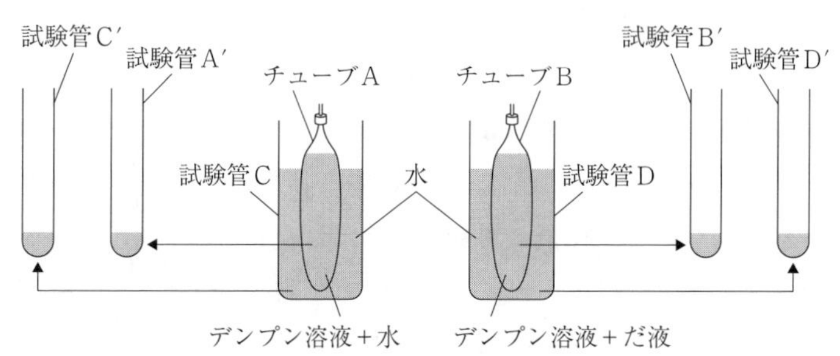

	加えた試薬	試薬の反応による色の変化
試験管 A′	ヨウ素液	○
試験管 B′	ベネジクト液	○
試験管 C′	ヨウ素液	×
試験管 D′	ベネジクト液	○

○：変化あり
×：変化なし

表

このことについて，次の問いに答えなさい。

(1) 実験の結果から，デンプンの分子の大きさをR，ベネジクト液によって反応した物質の分子の大きさをS，セロハンチューブにある微小な穴の大きさをTとして，R，S，Tを左から大きい順に記号で書きなさい。(　　，　　，　　)

(2) 次の［　　］内の文章は，実験の結果を踏まえて，「だ液に含まれる酵素の大きさは，セロハンチューブにある微小な穴よりも大きい」という仮説を立て，この仮説を確認するために必要な実験と，この仮説が正しいときに得られる結果を述べたものである。①，②，③に当てはまる語句をそれぞれ（　）の中から選んで書きなさい。①(　　　)　②(　　　)　③(　　　)

> 【仮説を確認するために必要な実験】
> 　セロハンチューブに水でうすめただ液を入れたものをチューブX，試験管にデンプン溶液と①（水・だ液）を入れたものを試験管Yとする。チューブXを試験管Yに入れ約40℃に保ち，60分後にチューブXを取り出し，試験管Yの溶液を2本の新しい試験管にそれぞれ適量入れ，試薬の反応による色の変化を調べる。
> 【仮説が正しいときに得られる結果】
> 　2本の試験管のうち，一方にヨウ素液を加えると，色の変化が②（ある・ない）。もう一方にベネジクト液を加え加熱すると，色の変化が③（ある・ない）。

[7] 美香さんと一郎さんは，物質の状態変化について調べるために，次の①～③の手順で実験を行った。後の問いに答えなさい。（山形県[改題]）

【実験】

① 沸とう石を入れた太い試験管に，エタノール4cm^{3}と水26cm^{3}を入れ，図のような装置を組み，加熱した。

② ガラス管から出てきた液体を約3cm^{3}ずつ，3本の細い試験管にとり，とり出した順に，液体X，Y，Zとした。

③ それぞれの液体について，体積と質量を正確にはかり，密度を求めた。

図

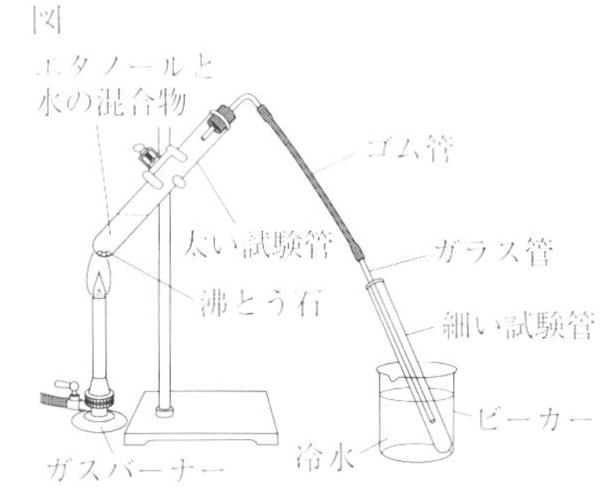

(1) 表は，実験結果であり，次は，実験後の美香さんと一郎さんの対話である。後の問いに答えなさい。ただし，エタノールの密度を0.79g/cm^3，水の密度を1.00g/cm^{3}とする。

表

液体	X	Y	Z
密度(g/cm^3)	0.83	0.90	1.00

> 美香：実験結果の密度の値から，液体Xは［ a ］と考えられるね。
> 一郎：そうだね。また，液体Yは［ b ］と考えられるよ。
> 美香：液体の密度がわかったのだから，体積が0.13cm^{3}で，質量が0.12gのプラスチックを，液体X～Zにそれぞれ入れたとき，プラスチックは浮くのか，沈むのかを考えてみよう。

一郎：プラスチックの密度の値から，このプラスチックが浮く液体は［c］といえるよ。
美香：そうすると，このプラスチックが沈む液体は［d］といえるね。

① ［a］，［b］にあてはまる言葉として最も適切なものを，次のア～オからそれぞれ一つずつ選びなさい。a（　　） b（　　）

ア　純粋なエタノール　　イ　大部分がエタノールで，少量の水が含まれている
ウ　純粋な水　　エ　大部分が水で，少量のエタノールが含まれている
オ　エタノールと水が約半分ずつ含まれている

② ［c］，［d］にあてはまるものの組み合わせとして適切なものを，次のア～クから一つ選びなさい。（　　）

ア　c　X　d　YとZ　　イ　c　XとY　d　Z　　ウ　c　Y　d　XとZ
エ　c　XとZ　d　Y　　オ　c　Z　d　XとY　　カ　c　YとZ　d　X
キ　c　ない　d　XとYとZ　　ク　c　XとYとZ　d　ない

(2) 美香さんと一郎さんは，実験後に太い試験管内に残った液体について，液体をゆっくりあたためていったときの加熱時間と温度変化をもとに，沸点を調べる実験を行った。次は，そのときの美香さんと一郎さんの対話の一部である。［e］にあてはまる適切な言葉を書きなさい。
（　　　　　　　　　　）

美香：液体が沸とうしているときの，加熱時間と温度変化に注目しよう。液体が沸とうしている間，［e］ということがわかったね。
一郎：このことから，太い試験管内に残った液体は，純粋な物質といえるね。

8 酸化銅と炭素を用いて，次の〈実験〉を行った。また，後のノートは〈実験〉についてまとめたものである。これについて，後の問い(1)～(3)に答えよ。ただし，炭素は空気中の酸素と反応しないものとする。（京都府）

〈実験〉
操作①　黒色の酸化銅（CuO）の粉末3.20gと，黒色の炭素（C）の粉末0.24gをはかりとる。
操作②　はかりとった酸化銅の粉末と炭素の粉末をよく混ぜ合わせ，酸化銅の粉末と炭素の粉末の混合物をつくり，試験管に入れる。
操作③　右の図のような装置で，酸化銅の粉末と炭素の粉末の混合物をガスバーナーで十分に加熱する。このとき，石灰水の変化を観察する。

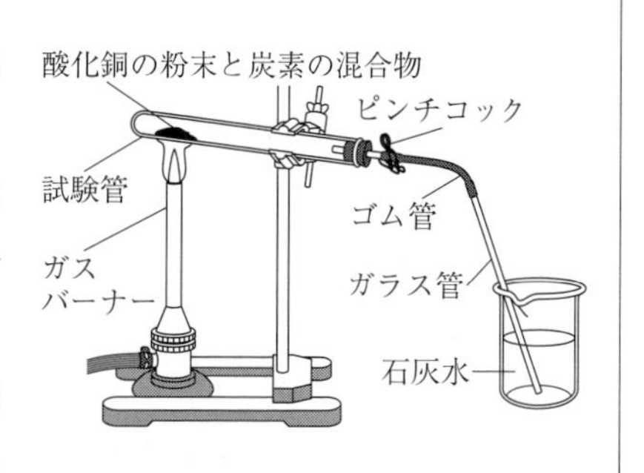

操作④　十分に加熱ができたらガラス管を石灰水から引きぬき，ガスバーナーの火を消す。その後，ピンチコックでゴム管を閉じる。

操作⑤　試験管が冷めてから，試験管内の固体をとり出して観察し，質量をはかる。

操作⑥　操作①ではかりとる酸化銅の粉末と炭素の粉末の質量をさまざまに変えて，操作②～⑤を行う。

ノート

酸化銅の粉末と炭素の粉末の混合物を加熱したときの，石灰水の変化を観察したところ，白くにごった。また，酸化銅の粉末と炭素の粉末の質量，これらの混合物を加熱した後に試験管内に残った固体の質量と色についてまとめると，次の表のようになった。試験管内に残った固体のうち，赤色の物質をろ紙にとってこすると，金属光沢が見られた。これらのことから，炭素が酸化されて二酸化炭素になり，酸化銅が還元されて銅になったと考えられ，試験管内に残った固体の色がすべて赤色であったものは，酸化銅と炭素がどちらも残らず反応したと考えられる。

酸化銅の粉末の質量〔g〕	3.20	3.20	3.20	3.20	2.40	1.60
炭素の粉末の質量〔g〕	0.12	0.18	0.24	0.36	0.12	0.12
試験管内に残った固体の質量〔g〕	2.88	2.72	2.56	2.68	2.08	1.28
試験管内に残った固体の色	赤色と黒色の部分がある		すべて赤色	赤色と黒色の部分がある		すべて赤色

(1)　〈実験〉において，酸化銅の粉末3.20gと炭素の粉末0.24gの混合物を加熱して発生した二酸化炭素の質量は何gか求めよ。（　　　g）

(2)　〈実験〉において，酸化銅の粉末3.20gと炭素の粉末0.36gの混合物を加熱した後に見られた黒色の物質を物質X，酸化銅の粉末2.40gと炭素の粉末0.12gの混合物を加熱した後に見られた黒色の物質を物質Yとするとき，物質Xと物質Yにあたるものの組み合わせとして最も適当なものを，次の(ア)～(エ)から1つ選びなさい。（　　　）

(ア)　X　酸化銅　　Y　酸化銅

(イ)　X　酸化銅　　Y　炭素

(ウ)　X　炭素　　Y　酸化銅

(エ)　X　炭素　　Y　炭素

(3)　ノートから考えて，次の(ア)～(オ)のうち，操作②～⑤を行うと，試験管内に残る固体の質量が1.92gになる酸化銅の粉末の質量と炭素の粉末の質量の組み合わせを**2**つ選びなさい。（　　　）

(ア)　酸化銅の粉末3.00gと炭素の粉末0.21g

(イ)　酸化銅の粉末2.40gと炭素の粉末0.18g

(ウ)　酸化銅の粉末2.32gと炭素の粉末0.15g

(エ)　酸化銅の粉末2.10gと炭素の粉末0.18g

(オ)　酸化銅の粉末2.00gと炭素の粉末0.15g

9 電流の実験について，次の各問に答えよ。 (東京都)

〈実験〉を行ったところ，〈結果〉のようになった。

〈実験〉

① 電気抵抗の大きさが5 Ωの抵抗器Xと20 Ωの抵抗器Y，電源装置，導線，スイッチ，端子，電流計，電圧計を用意した。

② 図1のように回路を作った。電圧計で測った電圧の大きさが1.0V，2.0V，3.0V，4.0V，5.0Vになるように電源装置の電圧を変え，回路を流れる電流の大きさを電流計で測定した。

③ 図2のように回路を作った。電圧計で測った電圧の大きさが1.0V，2.0V，3.0V，4.0V，5.0Vになるように電源装置の電圧を変え，回路を流れる電流の大きさを電流計で測定した。

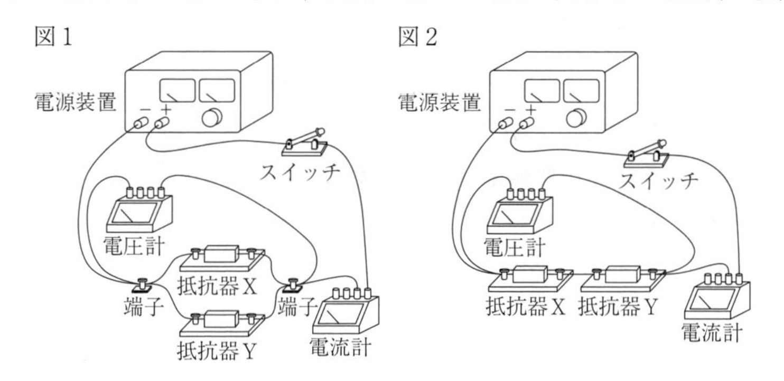

〈結果〉

〈実験〉の②と〈実験〉の③で測定した電圧と電流の関係をグラフに表したところ，図3のようになった。

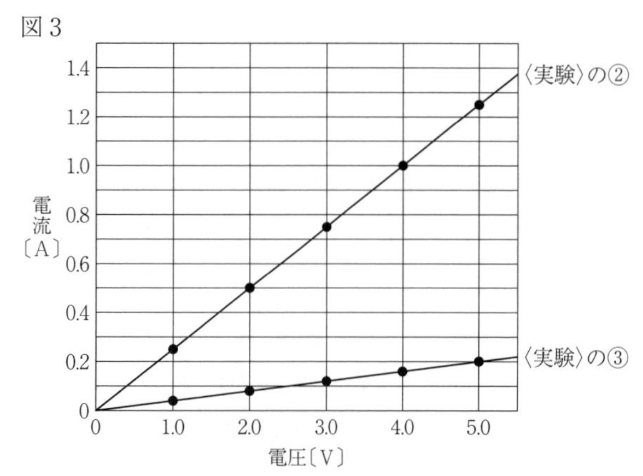

(1) 〈結果〉から，図1の回路の抵抗器Xと抵抗器Yのうち，「電圧の大きさが等しいとき，流れる電流の大きさが大きい方の抵抗器」と，〈結果〉から，図1の回路と図2の回路のうち，「電圧の大きさが等しいとき，流れる電流の大きさが大きい方の回路」とを組み合わせたものとして適切なものを，次の表のア～エから一つ選びなさい。(　　　)

	電圧の大きさが等しいとき，流れる電流の大きさが大きい方の抵抗器	電圧の大きさが等しいとき，流れる電流の大きさが大きい方の回路
ア	抵抗器X	図1の回路
イ	抵抗器X	図2の回路
ウ	抵抗器Y	図1の回路
エ	抵抗器Y	図2の回路

(2) 〈結果〉から，次のA，B，Cの抵抗の値の関係を表したものとして適切なものを，次のア～カから一つ選びなさい。(　　　)

A　抵抗器Xの抵抗の値

B　抵抗器Xと抵抗器Yを並列につないだ回路全体の抵抗の値

C　抵抗器Xと抵抗器Yを直列につないだ回路全体の抵抗の値

ア　A < B < C　　イ　A < C < B　　ウ　B < A < C　　エ　B < C < A

オ　C < A < B　　カ　C < B < A

(3) 〈結果〉から，〈実験〉の②において抵抗器Xと抵抗器Yで消費される電力と，〈実験〉の③において抵抗器Xと抵抗器Yで消費される電力が等しいときの，図1の回路の抵抗器Xに加わる電圧の大きさをS，図2の回路の抵抗器Xに加わる電圧の大きさをTとしたときに，最も簡単な整数の比でS：Tを表したものとして適切なものを，次のア～オから一つ選びなさい。(　　　)

ア　1：1　　イ　1：2　　ウ　2：1　　エ　2：5　　オ　4：1

(4) 図2の回路の電力と電力量の関係について述べた次の文の［　　　］に当てはまるものとして適切なものを，次のア～エから一つ選びなさい。(　　　)

　回路全体の電力を9Wとし，電圧を加え電流を2分間流したときの電力量と，回路全体の電力を4Wとし，電圧を加え電流を［　　　］間流したときの電力量は等しい。

ア　2分　　イ　4分30秒　　ウ　4分50秒　　エ　7分

10　平野さんたちは，運動したときの呼吸数や心拍数の変化について，右の図のように，医療用の装置を使って調べました。この装置では，心拍数とともに，酸素飽和度が計測されます。酸素飽和度は，動脈血中のヘモグロビンのうち酸素と結び付いているものの割合が計測され，およそ96～99％の範囲であれば，酸素が十分足りているとされています。次の【ノート】は，平野さんが調べたことをノートにまとめたものであり，後の【会話】は，調べたことについて平野さんたちが先生と話し合ったときのものです。【会話】中の［ A ］に当てはまる語を書きなさい。また，［ B ］・［ C ］に当てはまる内容をそれぞれ簡潔に書きなさい。

（広島県［改題］）

A(　　　)

B(　　　　　　　　　　　　　　　　　　　　　　　　　)

C(　　　　　　　　　　　　　　　　　　　　　　　　　)

【ノート】

〔方法〕

　安静時と運動時の①酸素飽和度，②心拍数（1分間当たりの拍動の数），③呼吸数（1分間当たりの呼吸の数）の測定を行う。まず，安静時の測定は座って行い，次に，運動時の測定は5分間のランニング直後に立ち止まって行う。これらの測定を3回行う。

〔結果〕

	1回目			2回目			3回目		
	酸素飽和度〔%〕	心拍数〔回〕	呼吸数〔回〕	酸素飽和度〔%〕	心拍数〔回〕	呼吸数〔回〕	酸素飽和度〔%〕	心拍数〔回〕	呼吸数〔回〕
安静時	99	70	16	98	68	15	98	72	17
運動時	98	192	34	97	190	32	98	194	33

【会話】

平野：先生。運動すると，酸素飽和度の値はもっと下がると予想していましたが，ほぼ一定に保たれることが分かりました。

先生：なぜ，酸素飽和度の値はもっと下がると予想していたのですか。

平野：運動時，筋肉の細胞では，栄養分からより多くの［ A ］を取り出す必要があるので，より多くの酸素が必要だと思ったからです。でも，酸素飽和度が一定に保たれているということは，必要な酸素が供給されているということですね。

小島：そうだね。必要な酸素量が増えても［ B ］ことで，細胞に酸素を多く供給することができ，そのことによって，［ A ］を多く取り出すことができるのですね。

先生：そうですね。ヒトの場合，今回のような激しい運動時は，1分間に心室から送り出される血液の量は安静時の約5倍にもなるようです。また，安静時に1回の拍動で心室から送り出される血液の量は，ヒトの場合，平均約70mLです。1分間に心室から送り出される血液の量は，1回の拍動で心室から送り出される血液の量と心拍数の積だとして，今回の運動について考えてみましょう。

小島：今回の安静時では，心拍数を平均の70回とすると，1分間で約4.9Lの血液が心室から送り出されることになります。これを5倍にすると，1分間に心室から送り出される血液の量は約24.5Lになるはずです。

平野：今回の運動時では，心拍数の平均値は192回だよね。あれ？　1回の拍動で心室から送り出される血液の量を70mLとして運動時の場合を計算すると，24.5Lには全然足りません。

先生：そうですね。今回のような激しい運動時に，1分間に心室から送り出される血液の量が安静時の約5倍にもなることは，心拍数の変化だけでは説明ができないですね。

小島：運動時には安静時と比べて，心拍数の他にも何か変化が生じているのかな。

先生：そのとおりです。それでは，ここまでの考察から，何がどのように変化していると考えられますか。

平野：そうか。［ C ］と考えられます。

先生：そうですね。そのようにして生命活動を維持しているのですね。

《類題チャレンジ☆☆》

1 右の図は，日本付近の，太陽の光が当たっている地域と当たっていない地域を表したものであり，地点Xは観測を行った中学校の位置を示している。地点Xの日時として，最も適切なものを，次のア～エから一つ選びなさい。(　　　)

(徳島県[改題])

ア　6月21日午前5時　　イ　6月21日午後7時
ウ　12月22日午前7時　　エ　12月22日午後5時

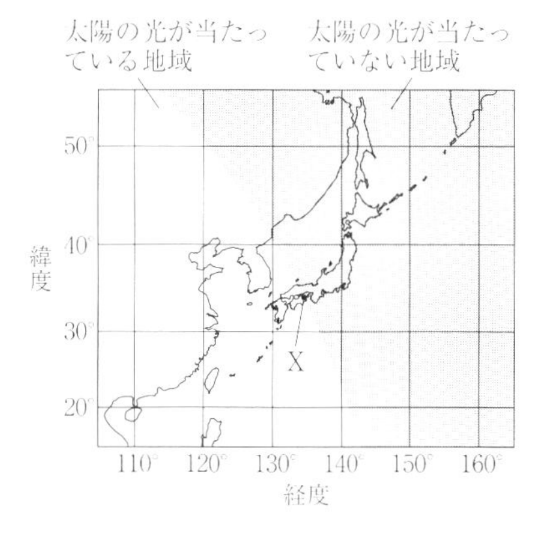

2 群馬県内のある地点で，6月のある日に金星と月を観測した。その後，他の惑星についても資料を使って調べ，同じ日の同じ時刻の惑星と月の見える位置を図のようにまとめた。図のように天体が見える日の，太陽と木星，土星，天王星，海王星の公転軌道上の位置を模式的に表したものとして，最も適切なものを，次のア～エから一つ選びなさい。ただし，円は太陽を中心とした惑星の公転軌道を表しており，矢印の向きは各天体の公転の向きを示している。(　　　)　(群馬県[改題])

図

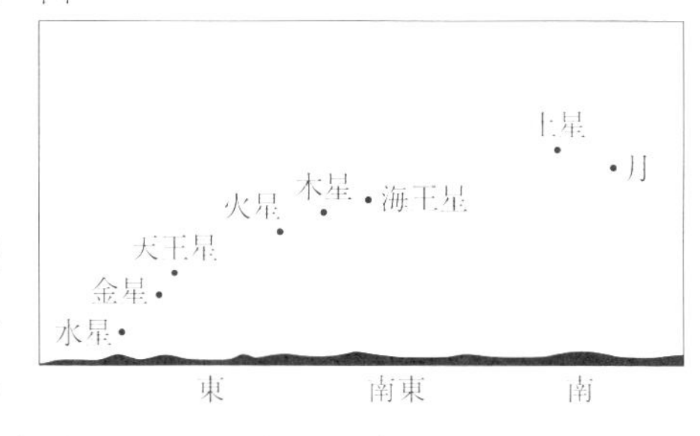

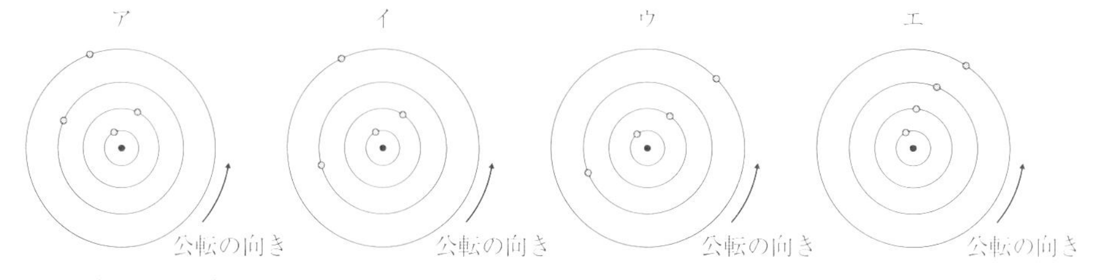

※●は太陽を，○は木星，土星，天王星，海王星の位置を表している。

3 真由(まゆ)さんは，水酸化ナトリウム水溶液に塩酸を加えたときの変化について調べるために，次のような実験を行い，結果を表にまとめた。以下の問いに答えなさい。　(宮崎県[改題])

〔実験〕

Ⅰ　うすい水酸化ナトリウム水溶液 $3\,\mathrm{cm}^3$ を試験管にとり，緑色のBTB溶液を2，3滴加えて，色の変化を見た。

Ⅱ　Ⅰの試験管に，図1のようにうすい塩酸を $2\,\mathrm{cm}^3$ 加え，色の変化を見た。

Ⅲ　Ⅱの試験管に，うすい塩酸をさらに $2\,\mathrm{cm}^3$ ずつ加えて，そのたびに色の変化を見た。

図1

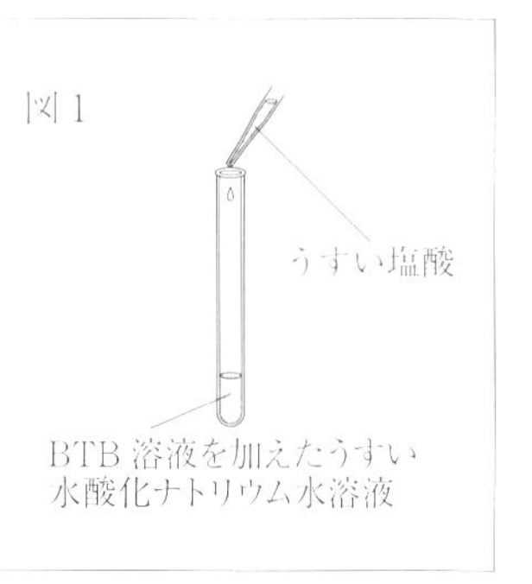

表

加えた塩酸の量〔cm^3〕	0	2	4	6	8
水溶液の色	青色	うすい青色	緑色	うすい黄色	黄色

(1) 次の文は，実験のⅠのときの水溶液について説明したものである。□に入る適切な言葉を書きなさい。(　　　)

緑色のBTB溶液が青色に変化したことから，□性の水溶液であることがわかる。

(2) 真由さんは，実験において，うすい塩酸を加えていったときの水溶液中のイオンの数が，どのように変化するかをグラフに表すことにした。次の問いに答えなさい。ただし，それぞれのグラフは加えた塩酸の量〔cm^3〕を横軸に，水溶液中のイオンの数を縦軸にとったものである。

① ナトリウムイオンの数の変化を表しているグラフとして，最も適切なものはどれか。次のア～エから1つ選び，記号で答えなさい。(　　　)

ア

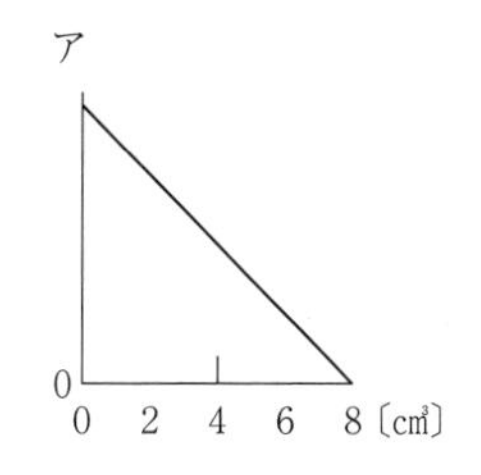

イ

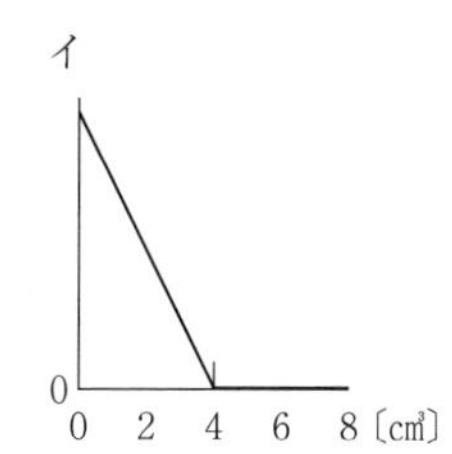

ウ

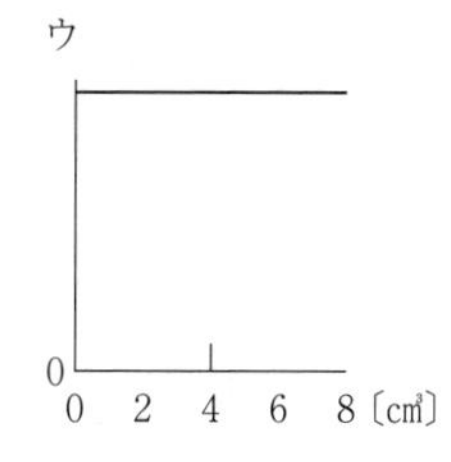

エ

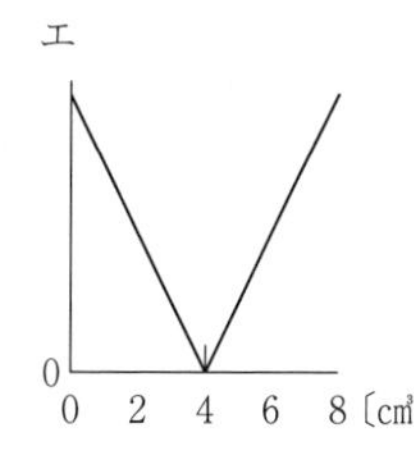

② 真由さんは，はじめ，水素イオンの数の変化を図2のように考えたが，図3の方がより適切であることに気づき，その理由を下のようにまとめた。□に入る適切な内容を，**イオンの名称**を使って，簡潔に書きなさい。

図2

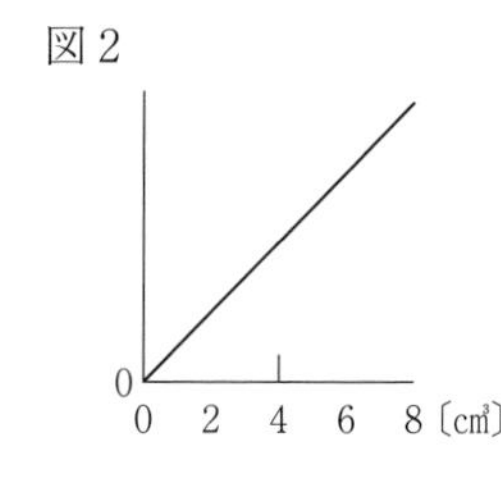

図3

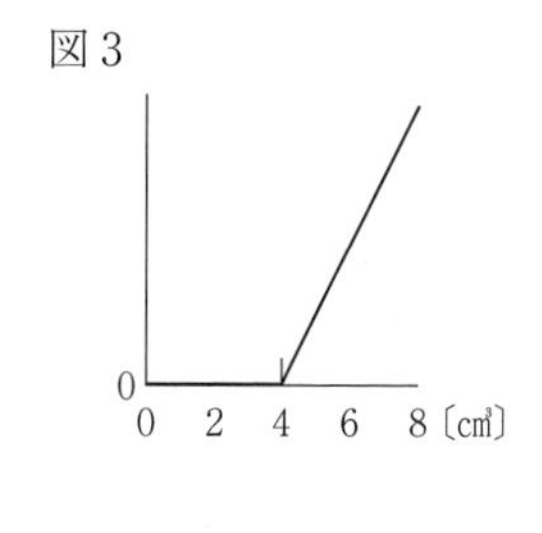

(　　　　　　　　　　　　　　　　　　　　　　　　　　　　　　)

加えた塩酸の量が0 cm^3～4 cm^3 の間では，水素イオンは□ので，図2のようには水素イオンが増えないことから，図3の方がより適切である。

4 山田さんの所属する科学部では，次の実験を行った。　(石川県[改題])

［実験］ 図1のように，斜面が直線になるように，摩擦力のないレールと摩擦力のあるレールをつないで水平な台の上に設置した。物体Xを点A，点Bのそれぞれの位置でそっと離してから点Dを通過するまでの運動を，1秒間に60回打点する記録タイマーでテープに記録した。それを6打点ごとに切り，左から時間の経過順に下端をそろえてグラフ用紙にはりつけたところ，図2，図3のようになった。物体Xを点Cの位置でそっと離したところ，物体は静止したままであった。

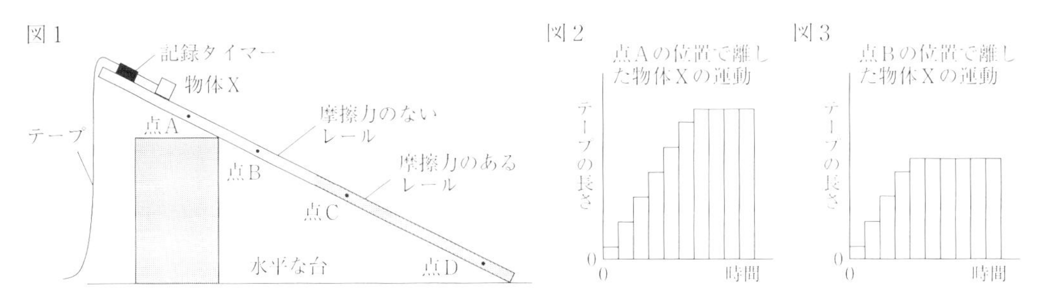

(問) 点A，点B，点Cの位置で離した物体Xが，摩擦力のあるレール上の点Cの位置で受ける摩擦力の大きさをそれぞれa，b，cとする。a，b，cの関係を正しく表している式はどれか，最も適切なものを，次のア～オから一つ選びなさい。また，そう判断した理由を書きなさい。ただし，テープの質量，テープの摩擦，空気の抵抗は考えないものとする。

符号(　　　)

理由(　　　　　　　　　　　　　　　　　　　　　　　　　　　　　　　　　　)

ア　$a=b=c$　　イ　$a=b>c$　　ウ　$a=b<c$　　エ　$a<b<c$　　オ　$a>b>c$

5 物体にはたらく力について調べるために，次の実験1，2を行った。表は，実験結果のうち，ばねののびを示したものである。後の問いに答えなさい。ただし，ばねののびは，ばねを引く力の大きさに比例するものとし，糸はのび縮みせず，質量と体積は無視できるものとする。また，質量100gの物体にはたらく重力の大きさを1Nとする。(山形県)

【実験1】 図1のように，ばねに糸と質量50gのおもりをつるし，おもりを静止させ，ばねののびを調べた。

【実験2】 実験1と同じばね，糸，おもりを用いて，図2のような装置を組み，おもりが容器の底につかないようにおもりを水中に完全に沈めて静止させ，ばねののびと電子てんびんが示す値を調べた。

図1　図2

ばね　糸　おもり　容器　水　電子てんびん

表

	ばねののび(cm)
実験1	17.5
実験2	15.4

(1) 実験2において，水中のおもりにはたらく重力の大きさは何Nか，求めなさい。(　　　N)

(2) 実験2において，おもりを水中に完全に沈めたときに，水中のおもりにはたらく浮力の大きさは何Nか。最も適切なものを，次のア～オから一つ選びなさい。(　　　)

ア　0.04N　　イ　0.06N　　ウ　0.08N　　エ　0.10N　　オ　0.12N

(3) 実験2において，おもりを水中に入れる前と水中に完全に沈めた後の電子てんびんが示す値を比べたとき，値の関係を述べた文として適切なものを，次のア～ウから一つ選びなさい。

(　　　)

ア　水中に沈めた後のほうが，大きい。　　イ　水中に沈めた後のほうが，小さい。

ウ　等しい。

6 令子さんは，6月の晴れた日に，北緯32.5°の熊本県内のある地点で，Ⅰ～Ⅳの順で日時計を作成して時刻を調べる実験を行った。 （熊本県[改題]）

Ⅰ 画用紙に円をかき，時刻の目安として円の中心から15°おきに円周に目盛りを記した時刻盤を作成した。

Ⅱ 時刻盤の中心に竹串を通し，竹串と時刻盤が垂直になるようにして固定した。

Ⅲ 図1のように時刻盤を真北に向け，図2のように竹串が水平面に対して観測地の緯度の分だけ上方になるようにして固定した。なお，図2は，図1を東側から見たものであり，竹串の延長線上付近には北極星があることになる。

Ⅳ 図3のように時刻盤の目盛りと竹串の影の位置が重なった12時10分から1時間ごとに，18時10分まで竹串の影を観察した。

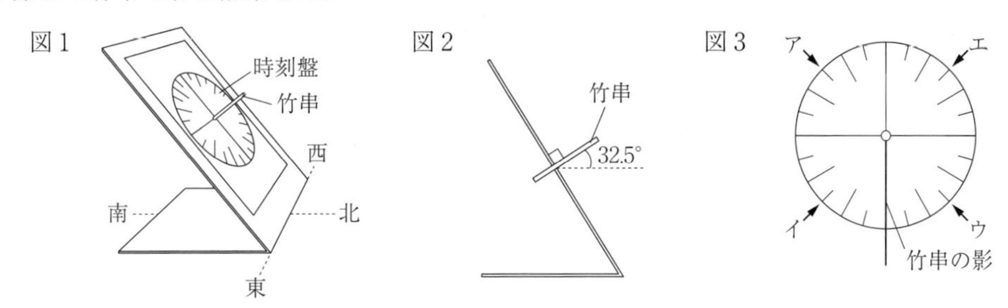

(1) 15時10分の時刻盤に映った竹串の影の位置として最も適当なものを，図3のア～エから一つ選びなさい。(　　　)

(2) 実験で用いた日時計について，正しく説明しているものを，次のア～エから**二つ**選びなさい。ただし，日時計は晴れた日に使用するものとする。(　　　)(　　　)

ア 時刻盤に映る竹串の影の長さは，1日の中では正午から夕方にかけて長くなる。

イ 正午の時刻盤に映る竹串の影の長さは，夏至の日から秋分の日にかけて長くなる。

ウ 夏至の日と秋分の日では，日時計を利用できる時間の長さは同じである。

エ 冬至の日は，時刻盤に竹串の影が映らない。

7 次の実験について，後の各問いに答えなさい。 （三重県[改題]）

〈目的〉 モーターを使って仕事をする実験を行い，物体を引き上げるのにかかった時間を調べる。

〈方法〉 図1のように，重さ0.8Nのおもりをモーターと糸で結び，床につかない状態で静止させた。その後，モーターに電圧をかけ，糸をゆっくりと一定の速さで真上に巻き上げて，おもりを矢印 ➡ の向きに20cm引き上げた。

〈結果〉 おもりを真上に20cm引き上げるのに4.0秒かかった。

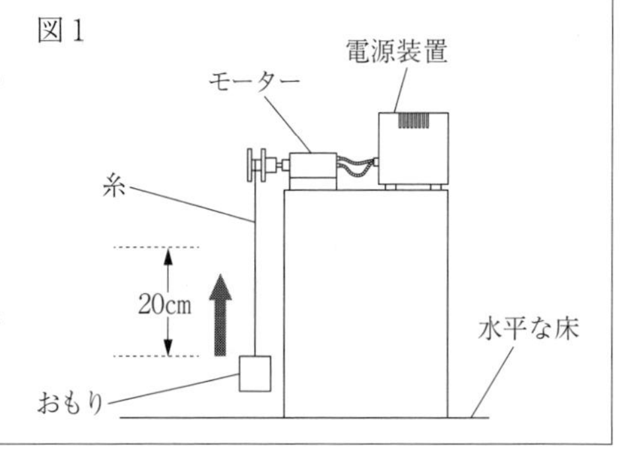

(1) モーターの仕事率は何Wか，求めなさい。ただし，糸の重さは考えないものとする。

（　　　W）

(2) この実験のモーターとおもりを使い，この実験と同じ大きさの電圧をかけ，図2のように，斜面の傾きの角度が30°の斜面に沿って高さ20cmまで，ゆっくりと一定の速さで，おもりを矢印➡の向きに引き上げた。斜面を上がっていくおもりの平均の速さは何cm/sか，求めなさい。ただし，糸の重さ，糸と斜面に固定された滑車にはたらく摩擦力，おもりと斜面にはたらく摩擦力は考えないものとする。（　　　cm/s）

図2

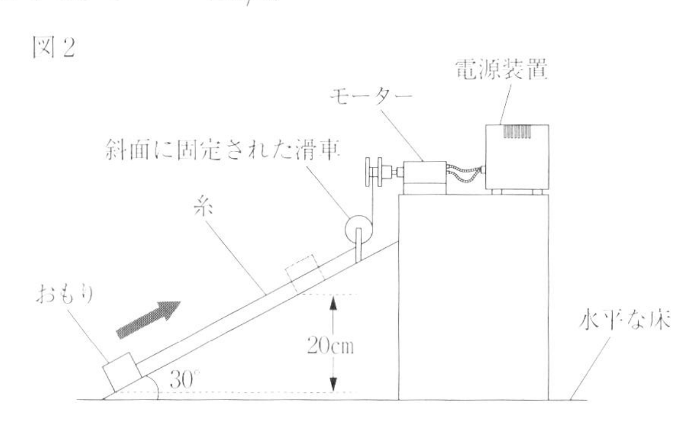

8 しんやさんたちは，理科の授業でエンドウを用いたメンデルの研究について学習し，その内容をまとめた。(1)～(6)に答えなさい。（徳島県）

しんやさんたちのまとめ

・メンデルは，(a)親にあたる個体として，丸い種子をつくる個体と，しわのある種子をつくる個体をかけ合わせ，できる種子の形質を調べた。「丸」と「しわ」は対立形質である。

・(b)その結果，子はすべて丸い種子になり，一方の親の形質だけが現れた。

・次に，この丸い種子（子にあたる個体）を育て，自家受粉させた。得られた種子（孫にあたる個体）は丸い種子としわのある種子の両方であった。表はその結果を示したものである。

表

親の形質	丸い種子	しわのある種子
子に現れた形質	すべて丸い種子	
孫に現れた形質の個体数の比	丸い種子：しわのある種子 ＝5474：1850	

・メンデルはこの実験結果を説明するために，生物の体の中には，それぞれの形質を支配する要素があると仮定した。この要素は，のちに遺伝子とよばれるようになった。

しんやさん　違った形質の親の個体をかけ合わせたのに，子にあたる個体は一方の親の形質だけしか現れないのは興味深いですね。

あおいさん　この場合は丸い種子だけですね。種子をしわにする遺伝子は，子にあたる個体には伝わらなかったのでしょうか。

しんやさん　でも，孫にあたる個体には，しわのある種子が現れています。親から子，そして孫にあたる個体へと，種子をしわにする遺伝子が伝わっているのではないでしょうか。

あおいさん　子にしわのある種子は現れていませんが，種子をしわにする遺伝子は伝わっているはずですね。では，子と同じように，孫の丸い種子の個体にも必ず伝わっているのでしょうか。

しんやさん　形質を見るだけではわかりませんが，ⓒ孫の丸い種子の個体と，別の個体をかけ合わせて，できる種子の形質を見ればわかるのではないでしょうか。

(1) 下線部ⓐについて，メンデルが親に選んだ個体のように，同じ形質の個体をかけ合わせたとき，親，子，孫と世代を重ねても，つねに親と同じ形質であるものを何というか，書きなさい。(　　　)

(2) 次の文は，下線部ⓑの内容について述べたものである。正しい文になるように，文中の(あ)・(い)にあてはまる言葉をそれぞれ書きなさい。あ(　　　)　い(　　　)

丸い種子のように子に現れる形質を（ あ ）といい，しわのある種子のように子に現れない形質を（ い ）という。

(3) 次の文は，下線部ⓒについて，種子をしわにする遺伝子が伝わっているかどうかを調べるためのかけ合わせについて述べたものである。正しい文になるように，文中の①・②について，ア・イのいずれかをそれぞれ選びなさい。①(　　　)　②(　　　)

孫の丸い種子の個体に，しわのある種子の個体をかけ合わせて，丸い種子としわのある種子が①［ア　3：1　　イ　1：1］の割合で現れれば，しわにする遺伝子は伝わっており，すべてが②［ア　丸い　　イ　しわのある］種子の個体になれば伝わっていないとわかる。

あおいさん　まとめた内容を理解するために，モデル実験を行ってみましょう。

モデル実験

図のようにA～Dの4つの袋と，白と黒の碁石を複数個用意する。Aに白い碁石を2個，Bに黒い碁石を2個入れておく。なお，碁石は遺伝子を表している。

① Aから1個，Bから1個碁石をとり出す。
② とり出した2個の碁石をCに入れる。DにはCと同じ組み合わせの碁石を入れる。
③ Cから1個，Dから1個碁石をとり出す。
④ とり出した2個の碁石の組み合わせをつくる。
⑤ この組み合わせを記録した後，それぞれの碁石を③でとり出したもとの袋に戻す。
⑥ ③から⑤の操作を200回繰り返す。

図

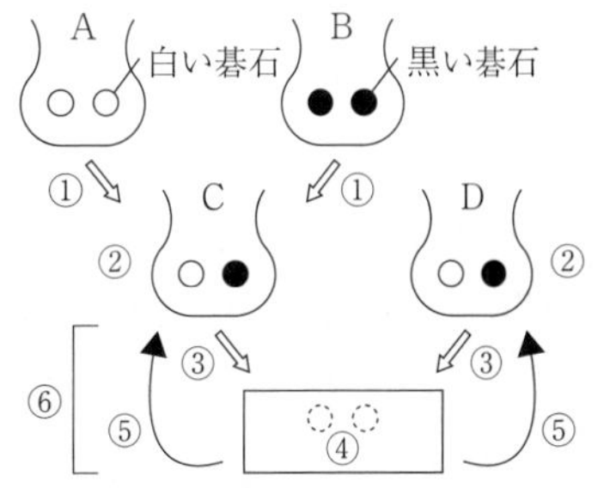

しんやさん　CとDからとり出す碁石は，それぞれ（ あ ）種類あります。それらの組み合わせは複数できますね。

あおいさん　できた組み合わせの割合も予想することができます。それは（ い ）になりますね。

先生　それでは実際に200回やってみましょう。

しんやさん　時間がかかりましたが，結果はあおいさんの予想どおりでしたね。
先生　　　モデル実験の結果から，メンデルの研究について，親，子，孫の形質の現れ方の規則性を説明することができましたね。
あおいさん　この規則性のとおり考えれば，メンデルの実験結果の，ⓓひ孫の代にあたる個体の割合も予想ができますね。

(4) いっぱんに，減数分裂の結果，対になっている遺伝子が分かれて別々の生殖細胞に入ることを，分離の法則という。モデル実験において，分離の法則を表している操作はどれか，①～④から**2**つ選びなさい。(　　)(　　)

(5) 文中の（ あ ）にあてはまる数字を書きなさい。また，（ い ）に入るあおいさんの予想として正しいものを，次のア～カから一つ選びなさい。ただし，○は白い碁石を，●は黒い碁石を表している。あ(　　)　い(　　)

ア　○○：○●＝1：1　　イ　○○：○●＝1：3　　ウ　○○：○●＝3：1
エ　○○：○●：●●＝1：1：1　　オ　○○：○●：●●＝1：2：1
カ　○○：○●：●●＝1：3：1

(6) 下線部ⓓについて，メンデルの実験で得られた孫の個体をすべて育て，それぞれ自家受粉させたとき，得られるエンドウの丸い種子の数としわのある種子の数の割合はどうなると考えられるか，最も簡単な整数比で書きなさい。丸い種子：しわのある種子＝(　　：　　)

[9] うすい塩化バリウム水溶液とうすい硫酸を反応させると，白い沈殿ができる。この反応について，反応する水溶液の体積と，沈殿した物質の質量との関係を調べるために，実験を行った。これについて，次の問いに答えなさい。（島根県）

実験

操作1　5つのビーカーA～Eを用意し，ある濃度のうすい塩化バリウム水溶液をそれぞれ50cm^{3}ずつ入れた。次に，ある濃度のうすい硫酸を表1のように加えて反応させ，沈殿した物質をろ過して取り出し，よく乾燥させてから質量を測定したところ，下の結果を得た。図1は結果をグラフに表したものである。

表1

ビーカー	A	B	C	D	E
うすい塩化バリウム水溶液の体積〔cm^3〕	50	50	50	50	50
加えたうすい硫酸の体積〔cm^3〕	10	30	50	70	90

図1

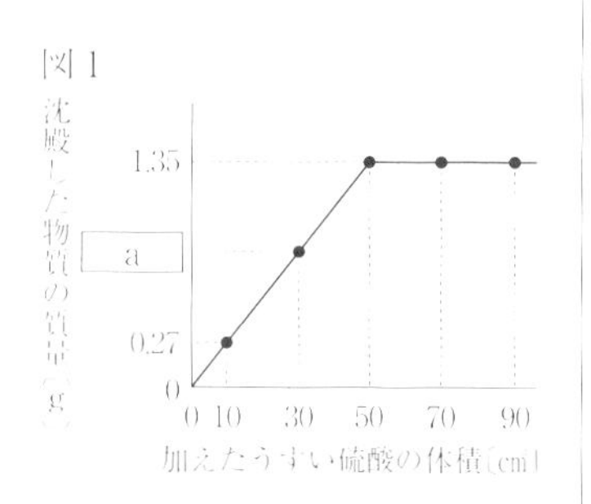

結果

ビーカー	A	B	C	D	E
沈殿した物質の質量〔g〕	0.27	a	1.35	1.35	1.35

操作２　新たに５つのビーカーF～Jを用意し，操作１で用いたうすい塩化バリウム水溶液とうすい硫酸を，表２のようにそれぞれの体積の合計が$100cm^3$になるように混合して反応させた。そして操作１と同様にして沈殿した物質の質量を測定した。

表２

ビーカー	F	G	H	I	J
うすい塩化バリウム水溶液の体積〔cm^3〕	90	70	50	30	10
うすい硫酸の体積〔cm^3〕	10	30	50	70	90

(1) 操作１のビーカーBで，うすい硫酸$30cm^3$を加えたときに沈殿した物質の質量［ a ］は何gであると考えられるか，結果の数値および図１をもとに**小数第２位**まで求めなさい。（　　　g）

(2) 操作２について，「混合したうすい硫酸の体積」と「沈殿した物質の質量」の関係をグラフに表すとどのようになると考えられるか，最も適当なものを，次のア～エから一つ選びなさい。

（　　　）

ア
沈殿した物質の質量〔g〕
1.35
0
0　50　100
混合したうすい硫酸の体積〔㎤〕

イ
沈殿した物質の質量〔g〕
1.35
0
0　50　100
混合したうすい硫酸の体積〔㎤〕

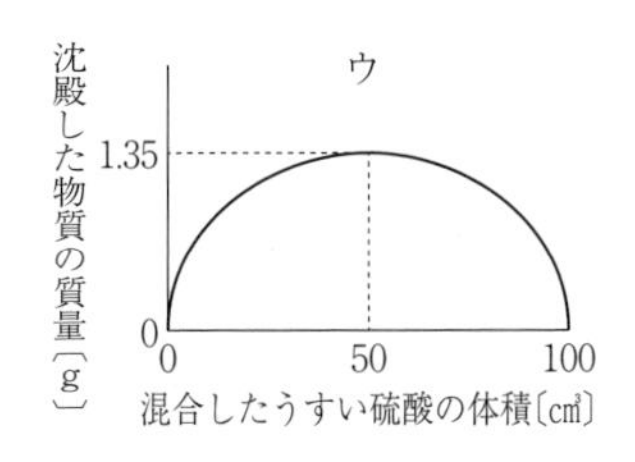

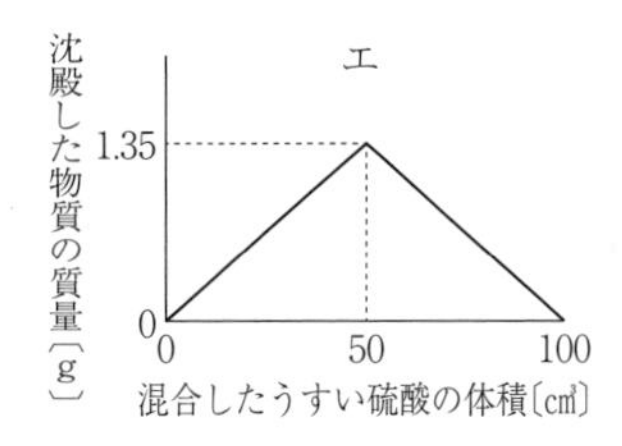

10　Kさんは，電流が磁界から受ける力による物体の運動について調べるために，次のような実験を行った。これらの実験とその結果について，後の各問いに答えなさい。ただし，実験に用いるレールや金属製の棒は磁石につかないものとする。また，レールと金属製の棒との間の摩擦，金属製の棒にはたらく空気の抵抗は考えないものとする。　（神奈川県）

〔実験〕　図１のように，金属製のレールとプラスチック製のレールをなめらかにつないだものを２本用意し，水平な台の上に平行に固定した。次に，金属製のレールの区間PQに，同じ極を上にした磁石をすき間なく並べて固定した。また，金属製のレールに電源装置，電流計，スイッチを導線でつないだ。金属製の棒（以下金属棒という）をPに置き，電源装置の電圧を4.0Vにしてスイッチを入れ，金属棒の運動を観察したところ，金属棒は区間PQで速さを増しながら運動し，Qを通過した後，やがてRに達した。

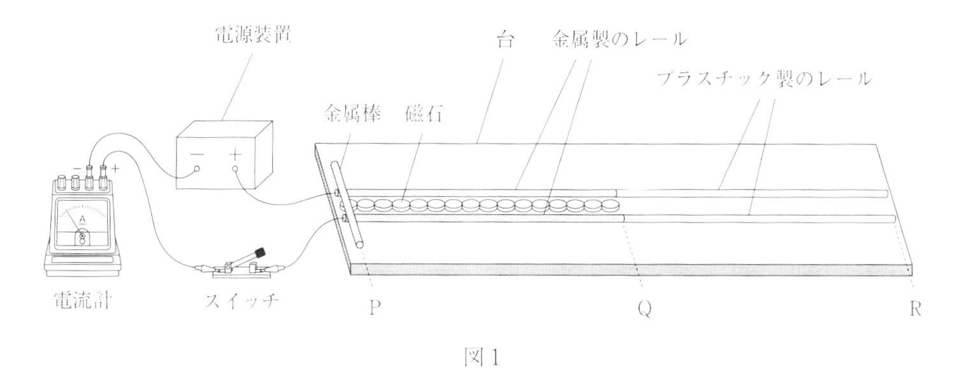

図1

(1) 〔実験〕において金属棒が区間PQを運動しているとき，金属棒に流れる電流がつくる磁界の向きを表す図として最も適するものを，次のア～エから一つ選びなさい。ただし，ア～エの図において左側にPがあるものとする。(　　　)

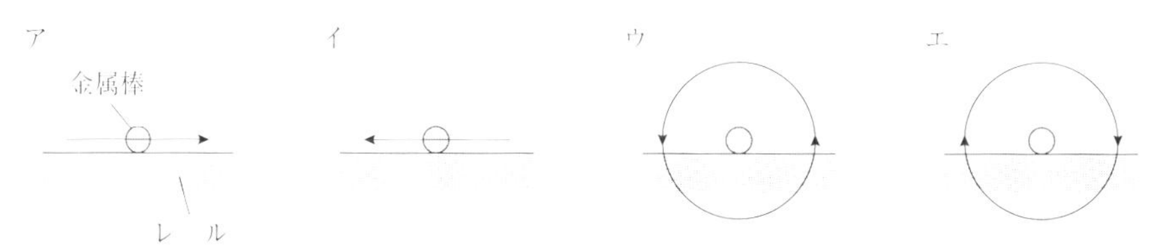

(2) 〔実験〕において金属棒が区間PQを運動しているとき，金属棒にはたらく力を表す図として最も適するものを，次のア～エから一つ選びなさい。ただし，同一直線上にはたらく力であっても，矢印が重ならないように示してある。また，ア～エの図において左側にPがあるものとする。

(　　　)

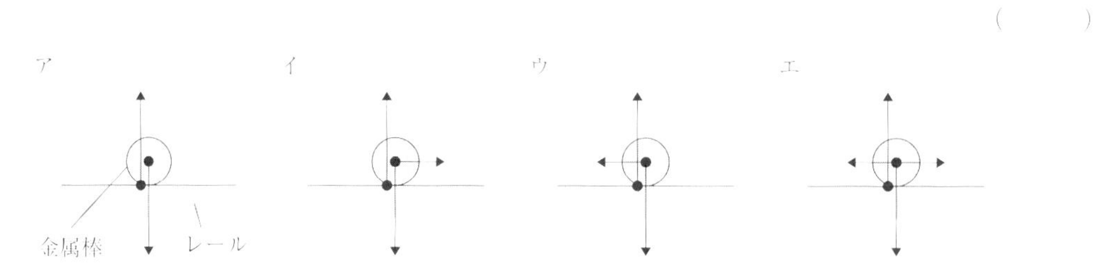

(3) Kさんは，〔実験〕における金属棒の運動を，区間PQでは一定の割合で速くなる運動，区間QRでは一定の速さの運動だと考え，時間と速さの関係を図2のように表した。なお，点Aは，金属棒がQに達したときの時間と速さを示している。電源装置の電圧を6.0Vに変えて〔実験〕と同様の操作を行ったときの時間と速さの関係を，図2をもとにして表したものとして最も適するものを，次のア～エから一つ選びなさい。ただし，ア～エには図2の点Aを示してある。また，回路全体の抵抗の大きさは〔実験〕と同じであるものとする。(　　　)

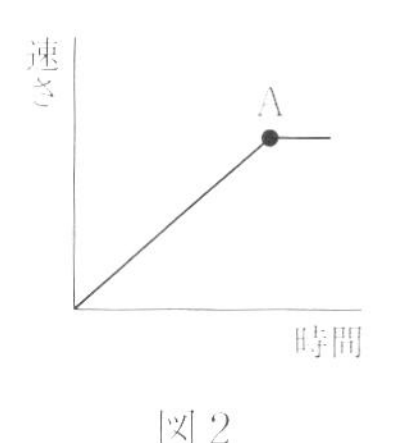

図2

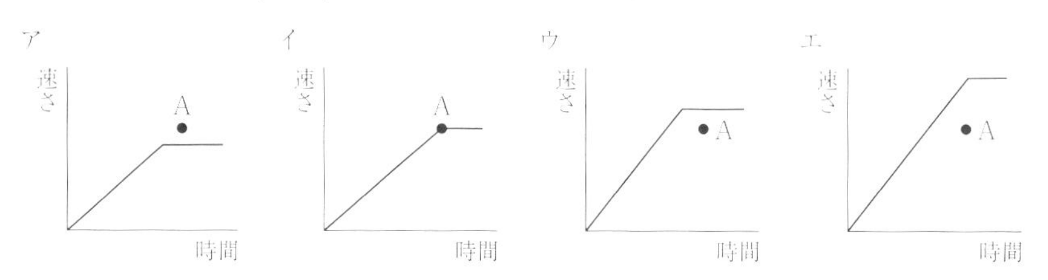

(4) Kさんは，〔実験〕の装置が電気エネルギーから力学的エネルギーへの変換装置になっていることに気がつき，その変換効率を求めるために次の〔実験計画〕を立てた。〔実験計画〕中の（　　）にあてはまる式として最も適するものを，後のア～エから一つ選びなさい。（　　　）

〔実験計画〕

図3のように，〔実験〕で用いたレールと磁石が固定された台を傾けて斜面をつくる。〔実験〕と同様にレールには電源装置，電流計，スイッチがつながれているが，図3ではそれらを省略してある。電源装置の電圧をV〔V〕にしてスイッチを入れ，重さW〔N〕の金属棒をPに置き，静かに手を離す。金属棒が，Pからの距離と高さがそれぞれL〔m〕とH〔m〕であるQまで斜面を上るのにかかった時間がt〔s〕であり，その間に流れた電流がI〔A〕で一定であったとする。このとき，電気エネルギーがすべて位置エネルギーに変換されたとすると，変換効率は次の式で求められる。

変換効率〔%〕=（　　）× 100

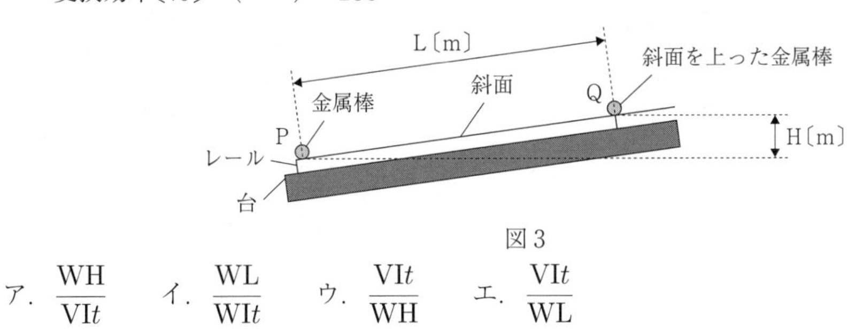

図3

ア. $\frac{WH}{VIt}$　　イ. $\frac{WL}{WIt}$　　ウ. $\frac{VIt}{WH}$　　エ. $\frac{VIt}{WL}$

11 ショウさんは，土の中の小動物や微生物のはたらきについて，次の観察，実験を行い，レポートにまとめた。（兵庫県）

【目的】

土の中の小動物や微生物が，落ち葉や有機物を変化させることを確かめる。

【方法】

図1のように，ある地点において，地表から順に層A，層B，層Cとし，それぞれの層の小動物や微生物について，次の観察，実験を行った。

図1

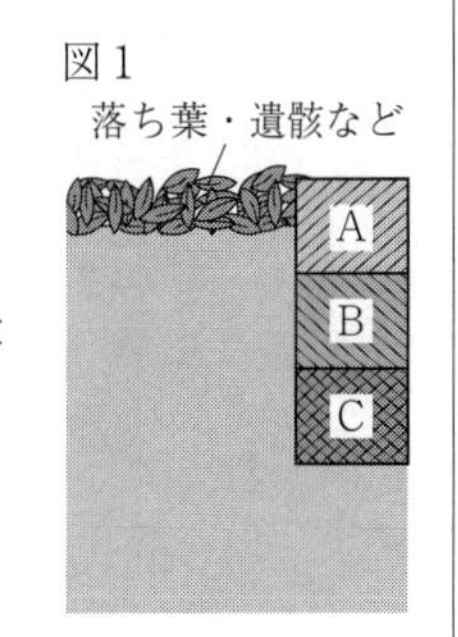

〈観察〉

(a) それぞれの層で小動物をさがし，見つけた小動物と層を記録した後に，その小動物をスケッチした。

(b) 層Aで見つけたダンゴムシを落ち葉とともに採集した。

(c) (b)で採集したダンゴムシと落ち葉を，湿らせたろ紙をしいたペトリ皿に入れ，数日後，ペトリ皿の中のようすを観察した。

〈実験〉

(a) 同じ体積の水が入ったビーカーを3つ用意し，層Aの土，層Bの土，層Cの土をそれぞれ別のビーカーに同じ質量入れ，かき混ぜた。

(b) 図2のように，層A～Cそれぞれの土が入ったビーカーの上澄み液をそれぞれ2本の試験管に分け，一方の試験管をガスバーナーで加熱し，沸騰させた。

(c) 図3のように，脱脂粉乳とデンプンをふくむ寒天培地の上に，それぞれの試験管の上澄み液をしみこませた直径数mmの円形ろ紙を3枚ずつそれぞれ置き，ふたをして温かい場所で数日間保った。

(d) ヨウ素溶液を加える前後の寒天培地のようすを記録した。

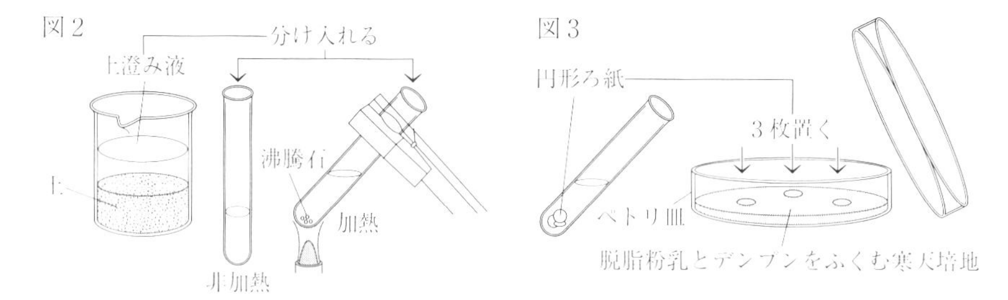

【結果】

〈観察〉

○ダンゴムシが層Aで見つかり，ミミズやムカデが層A，Bで見つかった（図4）。

○数日後，ペトリ皿の中の落ち葉は細かくなり，ダンゴムシのふんが増えていた。

図4　見つけた小動物のスケッチ

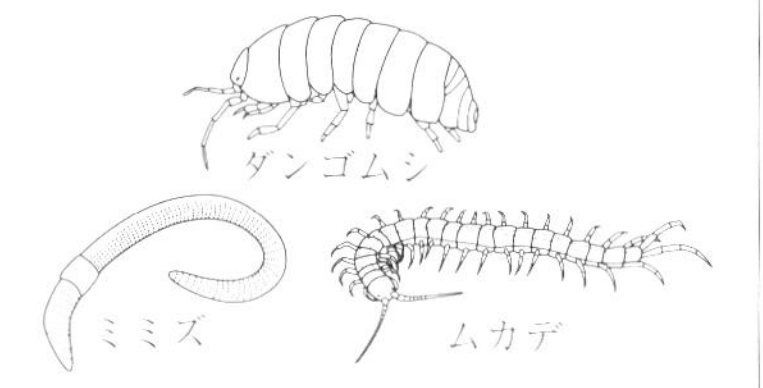

〈実験〉

○寒天培地のようすを次の表にまとめた。

表　□脱脂粉乳により白濁した部分　□透明な部分

	ヨウ素溶液	層Aの上澄み液	層Bの上澄み液	層Cの上澄み液
非加熱処理	加える前	円形ろ紙	円形ろ紙	円形ろ紙
	加えた後	(あ)	(い)	(う)
加熱処理	加える前	脱脂粉乳により白濁した部分は変わらなかった		
	加えた後	ヨウ素溶液の反応が寒天培地全体に見られた		

○土の中の微生物のはたらきによって有機物が分解されることが確認できた。

【考察】

○ダンゴムシは，層Aに食べ残した落ち葉やふんなどの有機物を残す。また，ミミズは［ ㋓ ］を食べ，ムカデは［ ㋔ ］を食べ，どちらも層A，Bにふんなどの有機物を残すと考えられる。

○実験より，土の中の微生物は層Aから層Cにかけてしだいに［ ㋕ ］していると考えられる。それぞれの層において，微生物の数量と有機物の量がつり合っているとすると，有機物は層Aから層Cにかけてしだいに［ ㋖ ］していると考えられる。

(1) 【結果】の中の［ ㋐ ］に入る寒天培地のようすとして適切なものを，次のア～エから1つ選んで，その符号を書きなさい。(　　　)

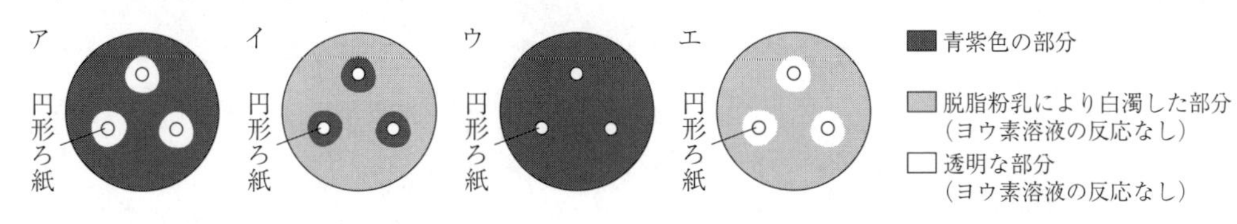

(2) 【考察】の中の［ ㋓ ］，［ ㋔ ］に入る語句として適切なものを，それぞれ次のア，イから1つ選んで，その符号を書きなさい。また，［ ㋕ ］，［ ㋖ ］に入る語句の組み合わせとして適切なものを，次のア～エから1つ選んで，その符号を書きなさい。

㋓(　　　)　㋔(　　　)　㋕・㋖(　　　)

【㋓の語句】　ア　ダンゴムシ　　イ　落ち葉

【㋔の語句】　ア　ダンゴムシやミミズ　　イ　落ち葉

【㋕・㋖の語句の組み合わせ】

	㋕	㋖
ア	増加	増加
イ	減少	増加
ウ	減少	減少
エ	増加	減少

5 新傾向問題

学習のポイント

新傾向問題は身近な題材をテーマにし，知識問題や表・グラフの読み取り，思考問題などが幅広く出題される。これまで練習してきたことを活かして，総合問題にチャレンジしよう。

《実際の大阪府公立高入試問題から》

身近なプラスチック製品であるペットボトルは，容器にPET（ポリエチレンテレフタラート）が用いられ，ふたにPP（ポリプロピレン）やPE（ポリエチレン）が用いられている。次の問いに答えなさい。

(1) 次のア～ウのうち，プラスチックの主な原料として用いられているものはどれか。一つ選び，記号を○で囲みなさい。（ ア　イ　ウ ）

ア アルミニウム　　イ 石油　　ウ 鉄鉱石

(2) ペットボトルの容器とふたを，ハサミを用いて1 cm^2 ほどの大きさに切り，それぞれ燃やすと気体が発生した。これらの気体はいずれも石灰水を白く濁らせた。このことから，発生した気体は何であると考えられるか。次のア～エから一つ選び，記号を○で囲みなさい。

（ ア　イ　ウ　エ ）

ア 窒素　　イ 酸素　　ウ 二酸化炭素　　エ 硫化水素

(3) ペットボトルが回収されると，図Ⅰに示すような，容器とふたの一部はともに，機械で砕かれて小片になる。これらの小片は，密度の違いを利用し，物質ごとに分けられてリサイクルされる。表Ⅰに示した各物質の密度から考えて，次の文中の①〔　　〕，②〔　　〕から適切なものをそれぞれ一つずつ選び，記号を○で囲みなさい。

図Ⅰ

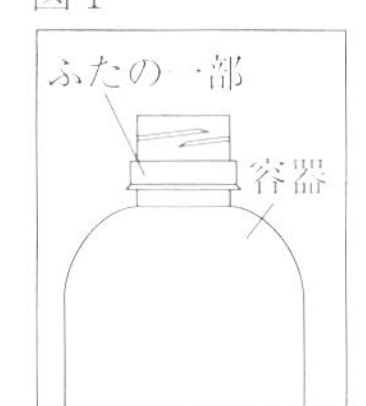

表Ⅰ

物質	密度［g/㎤］
PET	1.3～1.4
PP	0.90～0.91
PE	0.92～0.97
水	1.0
エタノール	0.79

①（ ア　イ ）②（ ウ　エ ）

PET，PP，PEそれぞれの小片を①〔ア 水　　イ エタノール〕に入れると，PETの小片のみが②〔ウ 液面に浮く　　エ 底に沈む〕と考えられる。

【解答を導くヒント】

・プラスチックを題材にした大問。プラスチックが有機物であることが問われている。
・プラスチックは石油などを原料につくられ，身の回りでも広く用いられている。
・プラスチックにはPET（ポリエチレンテレフタラート），PP（ポリプロピレン），PE（ポリエチレン）など，さまざまな種類があり，特徴に応じてさまざまな用途に使われる。
・密度が液体より固体の方が大きければ固体が沈み，液体より固体の方が小さければ固体は浮く。

［解答］(1) イ　(2) ウ　(3) ① ア　② エ

《類題チャレンジ》

1 恵さんは，料理の本を見て次の内容に興味をもち，実験を行ったり資料で調べたりした。次の問いに答えなさい。 (秋田県)

> 【興味をもったこと】 肉の下ごしらえをするとき，図1のように，生の肉に生のパイナップルをのせておくと，肉が柔らかくなる。これは，パイナップルに消化酵素がふくまれているためである。
>
> 図1
> 生のパイナップル　生の肉

(1) 恵さんは，消化酵素のはたらきについて調べるため，だ液を用いて次の実験を行った。

> 【実験】 図2のように，デンプンをふくむ寒天にヨウ素液を加えて青紫色にし，ペットボトルのふたA，Bに少量入れて固めた。Aには水をふくませたろ紙を，Bにはだ液をふくませたろ紙をそれぞれ上に置いた。次に，図3のようにA，Bを$_a$<u>約40℃の湯に入れて10分間あたためた</u>。
>
> 【結果】 ろ紙を取り除いたところ，図4のようにAに変化はなかったが，Bのろ紙の下の部分は青紫色が消えた。
>
> 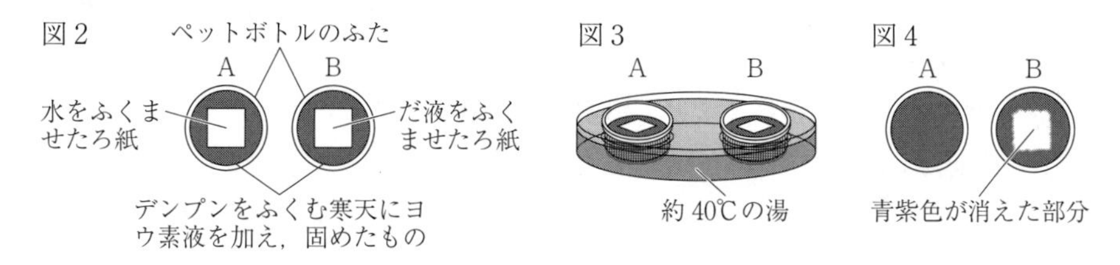
>
>
> 【考察】 だ液にふくまれている消化酵素のはたらきにより，デンプンが［ P ］ことがわかった。ご飯をかんでいると甘くなってくることから，デンプンが$_b$<u>糖</u>に変わったのではないかと考えた。

① 次のうち，だ液にふくまれる消化酵素はどれか，1つ選びなさい。(　　　)

ア ペプシン　　イ アミラーゼ　　ウ リパーゼ　　エ トリプシン

② 下線部aのようにするのはなぜか，「ヒトの」に続けて書きなさい。

(ヒトの　　　　　　　　　　　)

③ 恵さんの考察が正しくなるように，Pにあてはまる内容を書きなさい。

(　　　　　　　　　　　)

④ 下線部bがふくまれていることを確認するための方法について説明した次の文が正しくなるように，Qにあてはまる内容を書きなさい。(　　　　　　　　　　　)

下線部bがふくまれている水溶液に，ベネジクト液を加えて［ Q ］と，赤褐色(せきかっしょく)の沈殿(ちんでん)が生じる。

(2) 恵さんは，消化酵素のはたらきについて資料で調べ，次のようにまとめた。

【まとめ】 生のパイナップルにふくまれる消化酵素には，胃液にふくまれる消化酵素と同じように肉の主な成分であるタンパク質に作用し，図5のような小腸の柔毛で吸収されやすい物質に変化させるはたらきがある。

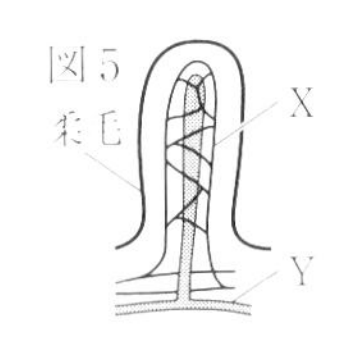

① タンパク質が消化酵素によって変化した物質は，図5のX，Yのどちらの管に入るか，記号を書きなさい。また，その管の名称を書きなさい。

記号(　　　)　名称(　　　)

② 小腸に柔毛がたくさんあると，効率よく養分を吸収することができる。それはなぜか，「**表面積**」という語句を用いて書きなさい。

(　　　　　　　　　　　　　　　　　　　　　　　　　　　　　　　　　　)

2 次の文は，ある海岸のごみの調査に来ていたAさんとBさんの会話の一部である。(1)～(5)の問いに答えなさい。（福島県）

Aさん　海水を採取してみると，プラスチックのかけらなどの目に見えるごみがふくまれていることがわかるね。

Bさん　それは，a実験操作によって海水からとり出すことができるよ。

Aさん　砂浜にもごみが落ちているよ。これもプラスチックだね。

Bさん　プラスチックごみは大きな問題だよね。b微生物のはたらきで分解できるプラスチックも開発されているけれど，プラスチックごみを減らすなどの対策も重要だね。

Aさん　砂をよく見てみると，砂の中にプラスチックのかけらのようなものが見られるよ。この砂の中から小さいプラスチックのかけらをとり出すのは難しそうだなあ。砂の中にふくまれているプラスチックのかけらをとり出す方法はないのかな。

Bさん　それならば，c密度のちがいを利用する方法がいいと思うよ。砂とプラスチックの密度は異なっているだろうから，適当な密度の水溶液中にその2つを入れれば，プラスチックをとり出すことができると思うよ。

(1) 海水や空気のように，いくつかの物質が混じり合ったものを何というか。**漢字3字**で書きなさい。(　　　)

(2) 下線部aについて，粒子の大きさのちがいを利用して，プラスチックのかけらをふくむ海水からプラスチックのかけらをとり出す実験操作として最も適当なものを，次のア～エから一つ選びなさい。(　　　)

ア　ろ過　　イ　再結晶　　ウ　蒸留　　エ　水上置換法

(3) 次のⅠ，Ⅱの文はプラスチックの特徴について述べたものである。これらの文の正誤の組み合わせとして正しいものを，右のア～エから一つ選びなさい。

（　　　）

Ⅰ　すべてのプラスチックは電気を通しにくい。

Ⅱ　すべてのプラスチックは有機物である。

	Ⅰ	Ⅱ
ア	正	正
イ	正	誤
ウ	誤	正
エ	誤	誤

(4) 下線部bのようなプラスチックを何プラスチックというか。**漢字4字**で書きなさい。

（　　　プラスチック）

(5) 下線部cについて，次の文は，密度が2.6g/cm^{3}の粒からなる砂に，密度が1.4g/cm^{3}のポリエチレンテレフタラートのかけら（PET片）を混ぜ，その混ぜたものからPET片をとり出す方法について述べたものである。次の①，②の問いに答えなさい。

温度が一定のもと，ある物質をとかした水溶液に砂とPET片を混ぜたものを入れ，密度のちがいを利用してPET片をとり出す実験を行う。グラフは，ある物質をとかした水溶液の濃度と密度の関係を表している。ただし，水の密度は1.0g/cm^{3}とする。

水溶液の密度が1.4g/cm^{3}より大きく，2.6g/cm^{3}より小さければ，PET片のみが［ X ］ため，砂とPET片を分けてとり出すことができる。

グラフ

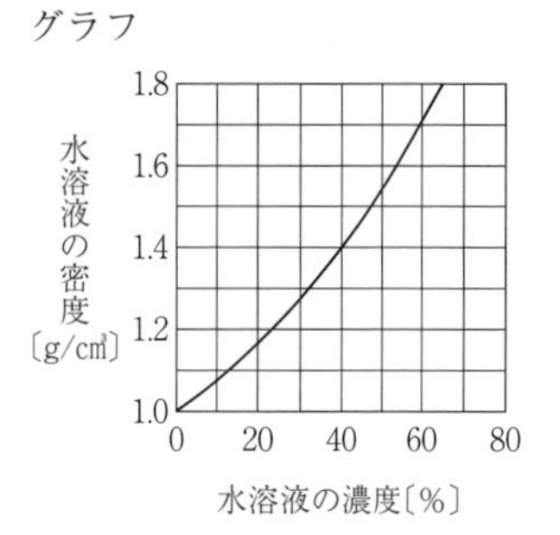

グラフより，PET片をとり出すための水溶液の濃度は，40％よりもこくなっている必要があることがわかる。水300gに，溶質を［ Y ］gとかせば，水溶液の濃度は40％となるため，溶質を［ Y ］gよりも多くとかすことで，濃度が40％よりもこい水溶液をつくることができる。

① Xにあてはまることばを書きなさい。（　　　　）

② Yにあてはまる数値を求めなさい。（　　　）

3 ユイさんは海に潜ったとき，自分の身長程度の深さまで潜ると耳の中が痛くなってしまい，それ以上深く潜ることができなかった。なぜそうなるかを調べてみると，

・水の中にある物体は，あらゆる方向から水圧を受ける。

・外からの水圧によって鼓膜が変形し，耳の中が痛くなる。

ということが分かった。そこで，水圧についての実験を行い，耳の中が痛くなる原因を調べた。次の問いに答えなさい。（沖縄県）

〈実験〉

① 透明な円筒の両側に薄いゴム膜を張った水圧実験器を準備する。（図1）

② 円筒を水平にした状態で水を入れた水槽の中に沈め，水面からの深さとゴム膜のようすを真横から観察する。（図2）

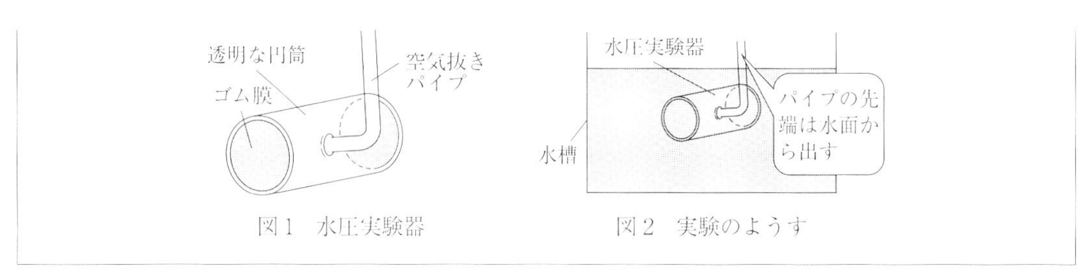

図1　水圧実験器　　図2　実験のようす

(1)　図3は空気中にある水圧実験器を横から見たときのゴム膜のようすを点線で示したものである。〈実験〉で観察されたゴム膜の変化は，次のア～エのようになった。水面からの深さの浅い順にア～エを並べ替えなさい。（　　→　　→　　→　　）

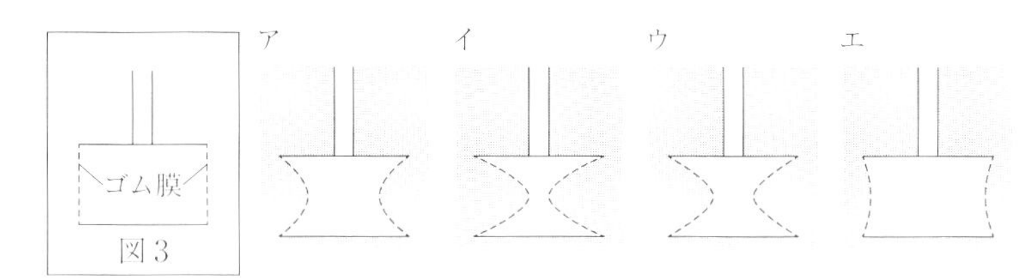

(2)　水面からの深さと水圧との関係を調べたところ，図4のようになることが分かった。ユイさんの身長と同じ160cmの深さでは，何Paの水圧が加わるか答えなさい。（　　　Pa）

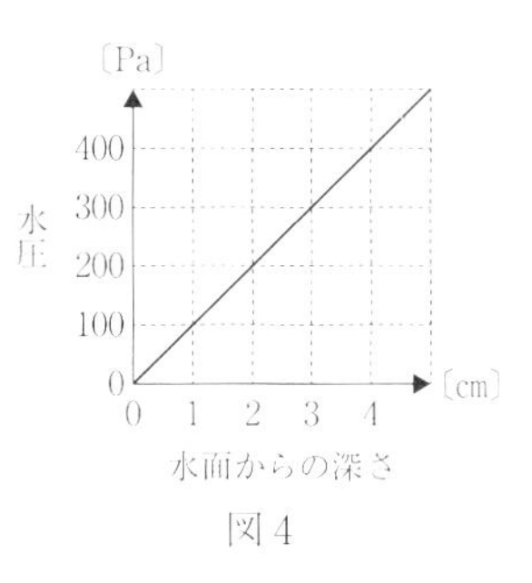

図4

(3)　水槽の底につかないように，立方体の物体全体を水中に沈めた。物体の面にはたらく水圧を，正しく表しているのはどれか。最も適当なものを次のア～エから1つ選びなさい。ただし，矢印の長さは水圧の大きさに比例しているものとする。（　　　）

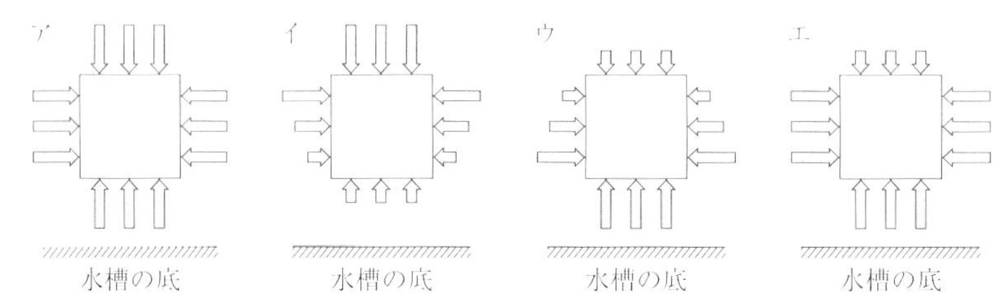

(4)　水中の物体に対し，上向きにはたらく力の名称を答えなさい。（　　　）

(5)　ユイさんが今まで以上に深く潜る場合は，鼓膜が痛くならないように「耳抜き」をすると良いことが分かった。耳抜きとは，鼻をつまみながら鼻から空気を押し出すようにすることである。耳抜きをすると空気は鼻の奥から耳の鼓膜の内側に押し出され，それによって鼓膜の変形が元に戻り，痛みがやわらぐと考えられている。

水圧実験器による実験と右の鼓膜周辺の略図（図5）を参考に，鼓膜の内側と鼓膜の外側に注目し，鼓膜の変形が元に戻る理由を説明しなさい。書き出しは，「鼓膜の内側の気圧」とすること。

（鼓膜の内側の気圧　　　　　　　　　　　　　　　　）

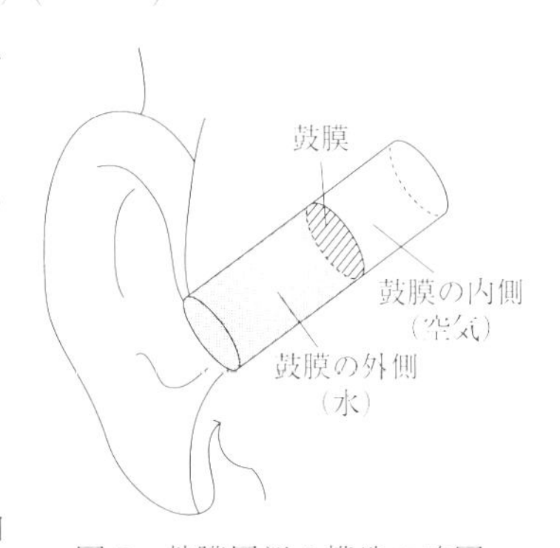

図5　鼓膜周辺の構造の略図

解答・解説

1．知識問題

問題 P. 4～9

《類題チャレンジ☆》

1 安山岩と花こう岩は火成岩。

答 ア・ウ・オ

2 アは炭水化物とタンパク質，イはタンパク質を分解する。

答 ウ・エ

3 ア．シダ植物，コケ植物とも光合成を行う。呼吸は昼も夜も行われる。イ．葉，茎，葉の区別は，シダ植物にはあるが，コケ植物にはない。ウ．シダ植物，コケ植物とも種子をつくらず胞子でふえる。

答 エ

4 マツは裸子植物なので子房はなく，まつかさは雌花が変化したもの。

答 ウ

5 電気エネルギーが運動エネルギーに変換されているものを選ぶ。アは電気エネルギーが光エネルギーに，ウは運動エネルギーが電気エネルギーに，エは電気エネルギーが熱エネルギーに変換されている。

答 イ

6 青色の塩化コバルト紙を水につけると，赤色に変化する。

答 イ

7 単体は1種類の元素からできている。化合物は2種類以上の元素が組み合わさってできている。

答 ア

8 ア．双眼実体顕微鏡に反射鏡はない。

答 ア

9 イ．台風の中心に向かって反時計回りに吹く。エ．台風は熱帯低気圧なので，暖かい空気のみで成り立ち，暖かい空気と冷たい空気の境界面（前線面）ができない。

答 ア・ウ

10 質量保存の法則といい，すべての化学変化にあてはまる。

答 イ

11 焦点を通って凸レンズに入った光は光軸に平行に進む。

答 イ

12 光の速さが約30万km/sで，音の速さは約340m/s。音が伝わる速さは空気中より固体中のほうが速い。

答 ア・ウ

13 デンプンにはだ液中，すい液中，小腸の壁の消化酵素がはたらく。

答 イ

14 水が通る管は道管で，根や茎の内側，葉の表側を通る。

答 ウ

15 (1) 血管Aを通って心臓に戻ってきた血液はDを通って肺に送られる。肺で酸素を取り入れた血液はCを通って心臓に戻り，Bを通って全身に送られる。

(2) 血液が右心室から肺に押し出されるときには，血液が右心房に逆流しないようにXの弁は閉じ，肺に流れていくようにYの弁は開く。血液が左心室から全身に押し出されるときには，血液が左心房に逆流しないようにXの弁は閉じ，全身に流れていくようにYの弁は開く。

答 (1) B・C (2) エ

《類題チャレンジ☆☆》

1 イ．染色体の数の例として，ヒトは 46 本，タマネギは 16 本など，生物によって異なる。ウ．生殖細胞ができるときには減数分裂が起こり，染色体の数が体細胞の染色体の数の半分になる。胚の細胞の染色体の数は体細胞の染色体の数と同じ。

答 ア・エ

2 石油や石炭が燃えることで化学エネルギーが熱エネルギーに変換され，熱エネルギーによってつくられた水蒸気でタービンを回すことで運動エネルギーに変換され，タービンの運動エネルギーを発電機で電気エネルギーに変換する。

答 イ

3 ア・エは有性生殖によってふえる。

答 イ・ウ・オ

4 ペットボトルの原料がポリエチレンテレフタラートで，ポリ袋の原料がポリプロピレンやポリエチレン。

答 エ

5 太陽の光は非常に強いので，ファインダーを使ってはいけない。

答 エ

6 原子は，電子の数と陽子の数が等しい。イオンは，電子を受け取ったり，失ったりしているので，電子の数と陽子の数が異なっている。

答 ウ・オ

7 ア．天の川は，銀河系を地球から見たもの。イ．すい星は，細長いだ円軌道で太陽のまわりを公転している。ウ．小惑星の多くは火星と木星の間にある。

答 エ，Y

2．表・グラフの読み取り　問題 P. 10～19

《類題チャレンジ☆》

1 図より，音が 1 回振動するのに 4 目盛分かかっているので，$\frac{1}{2000}$（秒）× 4 ＝ $\frac{1}{500}$（秒/回）　よって，1 秒間に振動する回数は，1（秒）÷ $\frac{1}{500}$（秒/回）＝ 500（Hz）

答 500（Hz）

2 天気が快晴～晴れなので，気温は昼間に高く，夜間に低くなる。湿度は気温の高い昼間には低く，気温の低い夜間に高くなる。天気に急激な変化はないので，気圧は比較的安定していると考えられる。

答 エ

3 表より，ツバキの葉の表からの蒸散量は，6.8（g）－ 6.0（g）＝ 0.8（g）　ツバキの葉の裏からの蒸散量は，6.8（g）－ 1.3（g）＝ 5.5（g）　よって，ツバキが葉以外から蒸散した量は，6.8（g）－ 0.8（g）－ 5.5（g）＝ 0.5（g）

答 0.5（g）

4 図より，とり出すことのできる固体の質量を求める。硝酸カリウムは，109（g）－ 32（g）＝ 77（g）　ミョウバンは，57（g）－ 12（g）＝ 45（g）　塩化ナトリウムは，37（g）－ 36（g）＝ 1（g）　ホウ酸は，15（g）－ 5（g）＝ 10（g）

答 ア，イ，エ，ウ

5 ア．増加する質量は，3.36（g）－ 2.40（g）＝ 0.96（g）　イ．加熱時間を 2 倍にしてもステンレス皿内の物質の質量は 2 倍にならない。エ．2.40（g）：4.00（g）＝ 3：5

答 ウ

6 20 ℃で固体の状態にあるのは，融点が 20 ℃よりも高い物質。

答 ア・イ

7 物体を焦点距離の 2 倍の位置に置くと，物体と同じ大きさの実像が，物体とは反対側の焦点距離の 2 倍の位置にできる。グラフより，物体と凸レンズとの距離と凸レンズとスクリーンとの距離が等しくなるのはそれぞれ 30cm のとき。よって，焦点距離は，$\frac{30\ (\text{cm})}{2}$ ＝ 15（cm）

答 15（cm）

8 ア．結果の表より，ばね A について，20g，40g のおもりをつるしたときのばねののびはそれぞれ，10.0（cm）－ 8.0（cm）＝ 2.0（cm），12.0（cm）－ 8.0（cm）＝ 4.0（cm）　よって，おもりの質量を，$\frac{40\ (\text{g})}{20\ (\text{g})}$ ＝ 2（倍）にすると，ばねののびも，$\frac{4.0\ (\text{cm})}{2.0\ (\text{cm})}$ ＝ 2（倍）になっている。ばね B についても同様。オ．ばね A とばね B に 20g のおもりをつるしたとき，ばね A ののびは 2.0cm，ばね B ののびは 4.0cm なので，ばね B ののびは，ばね A ののびの，$\frac{4.0\ (\text{cm})}{2.0\ (\text{cm})}$ ＝ 2（倍）

答 ア（と）オ

9 (1) 表より，電圧が 3.0V のとき抵抗器 A に流れる電流は 0.15A なので，抵抗器 A の抵抗の値は，オームの法則より，$\frac{3.0\ (\text{V})}{0.15\ (\text{A})}$ ＝ 20（Ω）

(2) 表より，電圧が 3.0V のとき抵抗器 B に流れる電流は 0.10A なので，抵抗器 B の抵抗の値は，$\frac{3.0\ (\text{V})}{0.10\ (\text{A})}$ ＝

30（Ω） 抵抗器Bの両端に5.0Vの電圧をかけたときに流れる電流は，$\frac{5.0\,(V)}{30\,(\Omega)}=\frac{1}{6}$（A） よって，抵抗器Bの両端に5.0Vの電圧を4分間加え続けたときに，抵抗器Bで消費された電力量は，4分＝240秒より，$5.0\,(V)\times\frac{1}{6}\,(A)\times240\,(s)=200\,(J)$

答 (1) 20（Ω） (2) 200（J）

10 (1) 空気が上昇した距離は，950（m）－50（m）＝900（m） 900m上昇して下がる空気の温度は，$1.0\,(℃)\times\frac{900\,(m)}{100\,(m)}=9.0\,(℃)$ よって，20（℃）－9（℃）＝11（℃）

(2) 露点が11℃より，この空気1m^3中の水蒸気量は気温11℃のときの飽和水蒸気量に等しい。図より，気温11℃の飽和水蒸気量は約10.0g/m^3，気温20℃の飽和水蒸気量は約17.3g/m^3なので，$\frac{10.0\,(g/m^3)}{17.3\,(g/m^3)}\times100\fallingdotseq58$（%）

答 (1) 11（℃） (2) ア

11 (2) 初期微動継続時間は震源からの距離に比例する。図1でY地点の初期微動継続時間は約3秒。図2より，震源から60km地点の初期微動継続時間は10秒。よって，Y地点の震源からの距離は，$60\,(km)\times\frac{3\,(秒)}{10\,(秒)}=18\,(km)$

答 (1)（約）2（秒） (2)（約）18（km）

12 (1) 銅粉末の質量と，銅粉末をじゅうぶんに加熱した後の物質の質量の比は一定になる。Aは，1.40（g）：1.75（g）＝4：5 Bは，0.80（g）：1.00（g）＝4：5 Cは，0.40（g）：0.50（g）＝4：5 Dは，1.20（g）：1.35（g）＝8：9 Eは，1.00（g）：1.25（g）＝4：5 よって，銅粉末が十分に酸化されなかった班はD。

(2) 銅と，銅と結びつく酸素と，酸化銅の質量の比は，4：(5－4)：5＝4：1：5 Dにおいて，銅と結びついた酸素の質量は，1.35（g）－1.20（g）＝0.15（g） 酸素0.15gと結びつく銅粉末の質量は，$0.15\,(g)\times\frac{4}{1}=0.60\,(g)$ よって，酸化された銅粉末の割合は，$\frac{0.60\,(g)}{1.20\,(g)}\times100=50\,(\%)$

答 (1) D (2) 50（%）

《類題チャレンジ☆☆》

1 太陽系の惑星は，太陽に近いほうから，水星，金星，地球，火星，木星，土星，天王星，海王星。太陽に近いほど公転周期が短い。

答 （水星）イ （土星）エ

2 ア．肉食動物はえさになる草食動物が少なくなると減少し，草食動物が多くなると増加する。1919年から1931年まで，カンジキウサギの個体数が増減をくり返しているのに，オオヤマネコの個体数が増え続けるとは考えにくい。イ・ウ．1919年から1921年，1923年にかけて，カンジキウサギの個体数が少ないままなのに，オオヤマネコの個体数が増え続けるとは考えにくい。

答 エ

3 (1) 水酸化ナトリウム水溶液3mLに含まれるOH^-の数（＝Na^+の数）と塩酸3mLに含まれるH^+の数（＝Cl^-の数）が等しくなって，過不足なく中和する。塩酸を加えていき，過不足なく中和するまでは，H^+の数はH_2Oになるので0。Cl^-の数はNaClになっても電離するので，塩酸を加えるにつれて増加。Na^+の数はNaClになっても電離するので一定のまま。OH^-の数はH_2Oになるので，塩酸を加えるにつれて減少。よって，中和するまでは，OH^-の減少量とのCl^-の増加量が等しくなるため，イオンの総数は一定となる。加える塩酸が3mLを超えると，H^+とCl^-が増加する。

(2) マグネシウムが塩酸と反応すると水素が発生する。BTB溶液を加えた水溶液の色が黄色であるdとeには塩酸が残っている。

答 (1) ウ　(2) エ

4 (1) 種子の形を丸形にする遺伝子をP，しわ形にする遺伝子をpとする。親の遺伝子の組み合わせがPPのとき，子の遺伝子の組み合わせもPPとなり，すべて丸形の種子になる。親の遺伝子がPpのとき，子の遺伝子の組み合わせはPP，Pp，ppとなり，このうち，丸形の種子はPP，Pp，しわ形の種子はppとなる。親の遺伝子の組み合わせがppのとき，子の遺伝子の組み合わせもppとなり，すべてしわ形の種子になる。よって，親の種子が持つ遺伝子は，AはPP，BはPp，Cはppとなり，親の種子が必ず純系であるといえるのはA・C。

(2) Gで，孫の種子が丸形としわ形になるとき，子の丸形の遺伝子の組み合わせはPp，しわ形の遺伝子の組み合わせはppになる。Ppとppをかけ合わせてできる孫の遺伝子の組み合わせはPp，Pp，pp，ppで，その数の比は，Pp：pp = 2：2 = 1：1　よって，丸形としわ形の数の比は1：1。

(3) Dで，孫の種子が丸形のみになるとき，親の遺伝子の組み合わせはPPとPP，またはPPとPpなので，両方とも純系であるとはいえない。Eで，孫の種子が丸形としわ形になるとき，親の遺伝子の組み合わせはPpとPpなので，両方とも純系であるとはいえない。Fで，孫の種子が丸形のみになるとき，親の遺伝子の組み合わせはPPとppなので，両方とも純系である。Gで，孫の種子が丸形としわ形になるとき，(2)より，親の遺伝子の組み合わせはPpとppなので，両方とも純系であるとはいえない。Hで，孫の種子がしわ形のみになるとき，親の遺伝子の組み合わせはppとppなので，両方とも純系である。

答 (1) A・C　(2) (丸形：しわ形＝) 1：1　(3) F・H

5 表1より，5番と6番の小球の移動距離の差は，66.0 (cm) − 43.2 (cm) = 22.8 (cm)　6番と7番の小球の移動距離の差は，90.3 (cm) − 66.0 (cm) = 24.3 (cm)　7番と8番の小球の移動距離の差は，114.6 (cm) − 90.3 (cm) = 24.3 (cm)　小球の移動距離の差が一定となっているので，6番以降は水平面を運動している。したがって，5番と6番の間に点Bを通過する。表2より，7番と8番の小球の移動距離の差は，110.5 (cm) − 90.7 (cm) = 19.8 (cm)なので，水平面での小球の速さは実験2のほうが小さい。よって，小球がはじめにもっていたエネルギーは実験1のほうが大きいので，実験1において，小球のはじめの位置の水平面からの高さは20cmよりも高い。

答 ① ウ　②・③ エ

3．考察問題　　問題 P．20～29

《類題チャレンジ☆》

1 ビーカー内の水蒸気が氷水によって冷やされて，線香のけむりのまわりで水のつぶになり，白いくもりがみられた。

答 （装置 A と装置 B の結果の比較）〔ビーカー内の〕空気に，より多くの水蒸気が含まれること。

（装置 A と装置 C の結果の比較）〔ビーカー内の水蒸気を含んだ〕空気が冷やされること。（それぞれ同意可）

2 N 極をコイルの上から近づけると検流計の針は左に振れるので，反対の S 極をコイルの反対側から近づけるとき，検流計の針の振れ方は左に振れる。棒磁石をいったん止めると，磁界が変化しないので電流は流れず，検流計の針は一度真ん中に戻る。棒磁石をもとの位置に戻すときは，S 極をコイルの下に遠ざける動きになるので，はじめと反対の向きに電流が流れ，検流計の針は右に振れる。

答 イ

3 表より，デンプンが他の糖に変化しているのは試験管 A だけなので，だ液にはデンプンを他の糖に分解するはたらきがあることは，試験管 A と，だ液の有無以外の条件が同じである試験管 B の結果を比べることで分かる。また，だ液のはたらきの温度による変化は，試験管 A と，温度以外の条件が同じである試験管 C の結果を比べることで分かる。

答 (1) ア　(2) イ

4 (1) ① 弦の長さと音の高さの関係を調べるには，弦の長さ以外の条件は同じにして，弦の長さだけを変えればよい。② 弦の太さと音の高さの関係を調べるには，弦の太さ以外の条件は同じにして，弦の太さだけを変えればよい。

(2) ① 表の実験Ⅳより，弦の太さが 0.5mm のとき 225Hz なので，225Hz より低い音を出すには，弦の太さを 0.5mm より太くする。② 実験Ⅰより，弦の長さが 20cm のとき 270Hz なので，270Hz より低い音を出すには，弦の長さを 20cm より長くする。また，実験Ⅰと実験Ⅲを比較すると，おもりの質量が 800g から 1500g に増えれば高い音になるはずだが，低い音になっている。よって，高い音になるには弦の長さを 60cm より短くする。

答 (1) ① エ　② オ　(2) ① ウ　② イ

5 表より，B と D で BTB 溶液の色が緑色から黄色になっているので，二酸化炭素が増えていて，緑色のピーマンも赤色のピーマンも呼吸を行っていることがわかる。また，C でも BTB 溶液の色が緑色から黄色になっているので，赤色のピーマンは光が当たっているときも呼吸を行っていることがわかる。A で BTB 溶液の色が緑色から青色になっているのは，緑色のピーマンは光があたっているときには呼吸よりも光合成を活発に行っているからと考えられる。

答 ウ・カ

6 (1) れきは河口近くに堆積し，粒が小さくなるほど堆積する場所は河口から遠くなっていく。よって，D 層→ C 層→ B 層の間は海水面が上昇して河口から遠くなっていき，B 層→ A 層の間は海水面が下降して河口に近くなっていった。

(2) しゅう曲は地層を押す力がはたらいてできる。露頭 Y の断層は，断層面にそって地層が上にずれているので，地層を押す力がはたらいてできた。

答 (1) カ　(2) ア

7 (1) 状態変化しても，粒子の数や大きさは変化しない。

(2) 固体では，粒子が規則正しくぎっしりとつまっている。液体では，粒子の間にすき間があり粒子が運動する。気体では，粒子の間隔が大きくなり粒子が激しく運動する。

答 (1) ア (2) イ

《類題チャレンジ☆☆》

1 硫酸亜鉛は水溶液中で，Zn^{2+}と$SO_4{}^{2-}$に電離している。イオン化傾向（金属が水に溶けて陽イオンになろうとする傾向）の大きい金属を，イオン化傾向の小さい金属のイオンが入っている水溶液に入れると，イオン化傾向の大きい金属が溶けて陽イオンになる。表のように，マグネシウムが硫酸亜鉛水溶液に溶けて放出した電子をZn^{2+}が受けとって亜鉛が付着するので，マグネシウムは亜鉛よりイオン化傾向が大きい。銅は亜鉛よりイオン化傾向が小さいので溶けない。

答 ア

2 図1より，地球がちょうど1回自転したとき，月の位置は東にずれているので，月の公転の向きは図2のaとわかる。

答 ① イ ② ア

3 (1) 細胞分裂の順は，核内に染色体が現れる(c)→染色体が中央に並ぶ(d)→染色体が両端に移動する(b)→しきりのようなものができる(e)→2つの新しい細胞ができる。

答 (1) (a→) c→d→b→e (2) 細胞の数がふえ，それぞれの細胞が大きくなる（同意可）

4 (1) 表より，区間①から②までに増えた速さは，47 (cm/s) − 22 (cm/s) = 25 (cm/s) 区間②から③までに増えた速さは，72 (cm/s) − 47 (cm/s) = 25 (cm/s) 区間③から④までに増えた速さは，97 (cm/s) − 72 (cm/s) = 25 (cm/s) よって，速さは時間とともに一定の割合で変化している。

(2) 健さんの考えが正しいならば，斜面を下っている間は，台車が運動の向きに受ける力の大きさは変わらないので，A点とB点で受ける力の大きさは等しい。花さんの考えが正しいならば，斜面を下っている間は，台車が運動の向きに受ける力は大きくなっていくので，A点よりB点で受ける力の大きさが大きくなる。

答 (1) 時間（同意可） (2) Y. イ Z. ア

4．思考問題　　問題 P．30～51

《類題チャレンジ☆》

1 震源をO，震央をPとすると，OPは震源の深さになる。右図のように，△OPXは直角三角形で，OXとPX辺の長さの比は，150（km）：90（km）＝5：3なので，三平方の定理より，OX：PX：OP＝5：3：4　したがって，震源の深さは，150（km）×$\frac{4}{5}$＝120（km）　次に，△OPYにおいて，OY：PY：OP＝5：4：3　よって，地点Yから震源までの距離は，120（km）×$\frac{5}{3}$＝200（km）　初期微動継続時間は震源までの距離に比例するので，20（s）×$\frac{200\text{(km)}}{150\text{(km)}}$≒26.7（s）

答 26.7（秒）

2 表より，気温17℃，湿度80％の空気1 m^3 中の水蒸気量は，14.5（g/m^3）×$\frac{80}{100}$＝11.6（g/m^3）　気温25℃，湿度30％の空気1 m^3 中の水蒸気量は，23.1（g/m^3）×$\frac{30}{100}$＝6.93（g/m^3）　失った水蒸気量は，11.6（g/m^3）－6.93（g/m^3）＝4.67（g/m^3）　よって，$\frac{4.67\,(g/m^3)}{11.6\,(g/m^3)}$×100≒40（％）

答 40（％）

3 (1) 光が鏡の面で反射するときは，入射角＝反射角となるように反射する。

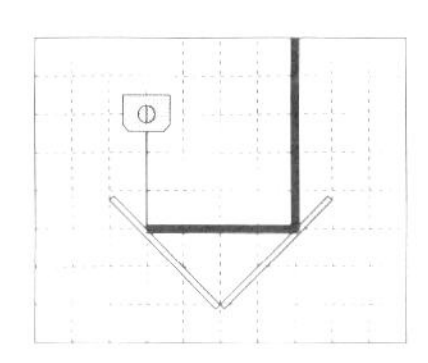

(2) 図3より，時計の左端から出た光は鏡A→鏡Bと2回反射して，観察する人の向きへ進む。また，時計の右端から出た光は鏡B→鏡Aと2回反射して，観察する人の向きへ進む。よって，観察する人は図2の時計の左端を観察する向きから見た左側，図2の時計の右端を観察する向きから見た右側に見ることになり，図2と同じように見える。

答 (1)（右図）　(2) ア

4 音は振動数が多いほど高い音になるので，弦の長さが短いほど，弦の太さが細いほど，弦を張る力が強いほど（おもりの質量が大きいほど）高い音になる。表より，ⅠとⅡでは，弦の長さ・弦の太さは同じで，おもりの質量はⅡの方が大きいので，Ⅱの方が高い音になる。ⅠとⅢでは，弦の長さは同じで，弦の太さはⅢの方が細く，おもりの質量もⅢの方が大きいので，Ⅲの方が高い音になる。ⅠとⅣでは，弦の太さは同じで，弦の長さはⅣの方が短く，おもりの質量もⅣの方が大きいので，Ⅳの方が高い音になる。ⅡとⅢでは，弦の長さ・おもりの質量は同じで，弦の太さはⅢの方が細いので，Ⅲの方が高い音になる。

答 オ

5 16（人）－1（人）＝15（人）のa・b・cの反応にかかる時間が4.9秒なので，1人あたりのa・b・cの反応にかかる時間は，$\frac{4.9\text{(秒)}}{15\text{(人)}}$＝$\frac{49}{150}$（秒）　左手の皮膚から脳までの神経の長さと，脳から右手の筋肉までの神経の長さの和が，0.8（m）＋0.8（m）＝1.6（m）なので，1人あたりのaとcの反応にかかる時間は，$\frac{1.6\text{(m)}}{60\text{(m/秒)}}$＝$\frac{2}{75}$（秒）　よって，1人あたりのbの反応にかかる時間は，$\frac{49}{150}$（秒）－$\frac{2}{75}$（秒）＝0.3（秒）

答 0.3（秒）

6 (1) 表より，試験管A′とC′の結果から，デンプンの分子がセロハンチューブにある微小な穴を通過していないので，R＞T。試験管B′とD′の結果から，ベネジクト液と反応した物質の分子がセロハンチューブにある微小な穴を通過しているので，T＞S。

(2) だ液に含まれる酵素がセロハンチューブにある微小な穴を通過できるかどうかで大きさの大小を判断するので，試験管Yにはだ液を入れない。仮説が正しい場合，だ液に含まれる酵素はセロハンチューブにある微小な穴を通過できないため，試験管Yに移動できず，デンプンを分解することはないことになる。

答 (1) R，T，S (2) ① 水 ② ある ③ ない

7 (1) ① 密度が $0.79g/cm^3$ のエタノールと，密度が $1.00g/cm^3$ の水の割合が $\frac{1}{2}$ ずつ含まれている液体の $1\,cm^3$ の質量は，$\frac{0.79\,(g)}{2} + \frac{1.00\,(g)}{2} = 0.895\,(g)$ なので，密度が $0.83g/cm^3$ の液体Xはエタノールの方が水より多く含まれており，密度が $0.90g/cm^3$ の液体Yはエタノールと水が約半分ずつ含まれているとわかる。
② 体積が $0.13cm^3$ で，質量が0.12gのプラスチックの密度は，$\frac{0.12\,(g)}{0.13\,(cm^3)} \fallingdotseq 0.92\,(g/cm^3)$ になる。プラスチックの密度より大きい液体にプラスチックを入れるとプラスチックは浮き，プラスチックの密度より小さい液体にプラスチックを入れるとプラスチックは沈む。

答 (1) ① a. イ b. オ ② オ (2) 温度が変わらない（同意可）

8 (1) 表より，酸化銅の粉末3.20gと炭素の粉末0.24gの混合物を加熱したとき，試験管に残った固体の質量は2.56gなので，質量保存の法則より，発生した二酸化炭素の質量は，$3.20\,(g) + 0.24\,(g) - 2.56\,(g) = 0.88\,(g)$

(2) 表より，酸化銅の粉末3.20gと炭素の粉末0.24gの混合物を加熱したとき，試験管内に残った固体の色はすべて赤色になったので，酸化銅と炭素は過不足なく反応している。酸化銅の粉末3.20gと炭素の粉末0.36gの混合物を加熱すると，炭素の粉末の割合が大きいので，炭素の一部が反応せずに物質Xとして残る。酸化銅の粉末2.40gと過不足なく反応する炭素の粉末の質量は，$0.24\,(g) \times \frac{2.40\,(g)}{3.20\,(g)} = 0.18\,(g)$ なので，炭素の粉末0.12gとの混合物では酸化銅はすべて還元できず，酸化銅の一部が物質Yとして残る。

(3) (ア) 炭素の粉末0.21gと過不足なく反応する酸化銅の粉末の質量は，$3.20\,(g) \times \frac{0.21\,(g)}{0.24\,(g)} = 2.80\,(g)$ なので，酸化銅の一部が還元されずに残る。試験管に残る固体の質量は，$3.00\,(g) - 2.80\,(g) + 2.56\,(g) \times \frac{0.21\,(g)}{0.24\,(g)} = 2.44\,(g)$ (イ) (2)より，酸化銅の粉末2.40gと炭素の粉末0.18gの混合物を加熱すると過不足なく反応するので，試験管内に残る固体の質量は，$2.56\,(g) \times \frac{2.40\,(g)}{3.20\,(g)} = 1.92\,(g)$ (ウ) 炭素の粉末0.15gと過不足なく反応する酸化銅の粉末の質量は，$3.20\,(g) \times \frac{0.15\,(g)}{0.24\,(g)} = 2.00\,(g)$ なので，酸化銅の一部が反応せずに残る。試験管に残る固体の質量は，$2.32\,(g) - 2.00\,(g) + 2.56\,(g) \times \frac{0.15\,(g)}{0.24\,(g)} = 1.92\,(g)$
(エ) 酸化銅の粉末2.10gと過不足なく反応する炭素の粉末の質量は，$0.24\,(g) \times \frac{2.10\,(g)}{3.20\,(g)} = 0.1575\,(g)$ なので，炭素の一部が反応せずに残る。試験管に残る固体の質量は，$2.56\,(g) \times \frac{2.10\,(g)}{3.20\,(g)} + 0.18\,(g) - 0.1575\,(g) = 1.7025\,(g)$ (オ) 酸化銅の粉末2.00gと過不足なく反応する炭素の粉末の質量は，$0.24\,(g) \times \frac{2.00\,(g)}{3.20\,(g)} = 0.15\,(g)$ なので，酸化銅の粉末と炭素の粉末は過不足なく反応する。試験管に残る固体の質量は，$2.56\,(g) \times \frac{2.00\,(g)}{3.20\,(g)} = 1.60\,(g)$

答 (1) 0.88（g） (2) (ウ) (3) (イ)・(ウ)

9 (1) 電圧の大きさが等しいとき，電気抵抗が小さい抵抗器の方が流れる電流が大きくなる。また，電圧の大きさが等しいとき，流れる電流の大きさが大きい回路は，図3のグラフより，図1の回路とわかる。

(2) Aは5Ω。Bは図1の回路の抵抗の値で，図3より，電圧が2.0Vのときに流れる電流が0.5Aなので，オームの法則より，Bの抵抗の値は，$\frac{2.0\,(\mathrm{V})}{0.5\,(\mathrm{A})} = 4\,(\Omega)$ Cは図2の回路の抵抗の値で，図3より，電圧が5.0Vのときに流れる電流が0.2Aなので，Cの抵抗の値は，$\frac{5.0\,(\mathrm{V})}{0.2\,(\mathrm{A})} = 25\,(\Omega)$

(3) 図1は並列回路なので，抵抗器Xにかかる電圧の大きさがSのとき，電源電圧の大きさもS。(2)より，図1の回路全体の抵抗の値は4Ωなので，回路全体を流れる電流の大きさは，$\frac{S}{4}$。図1での抵抗器Xと抵抗器Yでの消費電力は，$S \times \frac{S}{4} = \frac{S^2}{4}$ また，図2は直列回路で，抵抗器Xにかかる電圧の大きさがTのとき，抵抗器Yにかかる電圧の大きさは，抵抗器Yの抵抗の値が抵抗器Xの，$\frac{20\,(\Omega)}{5\,(\Omega)} = 4$（倍）なので4T。このとき電源電圧の大きさは，$T + 4T = 5T$ (2)より，図2の回路全体の抵抗の値は25Ωなので，回路全体を流れる電流の大きさは，$\frac{5T}{25} = \frac{T}{5}$ 図2での抵抗器Xと抵抗器Yでの消費電力は，$5T \times \frac{T}{5} = T^2$ 図1と図2の回路での抵抗器Xと抵抗器Yの消費電力が等しいので，$\frac{S^2}{4} = T^2$ $S > 0$，$T > 0$より，$\frac{S}{2} = T$ よって，$S : T = 2 : 1$

(4) 9Wの電力で電流を2分間流したときの電力量は，2分間＝120秒間より，$9\,(\mathrm{W}) \times 120\,(\mathrm{s}) = 1080\,(\mathrm{J})$ よって，4Wの電力で，1080Jの電力量を消費するのに必要な時間は，$\frac{1080\,(\mathrm{J})}{4\,(\mathrm{W})} = 270\,(\mathrm{s})$より，4分30秒。

答 (1) ア (2) ウ (3) ウ (4) イ

10 **答** A. エネルギー B. 呼吸数や心拍数を増やす（同意可）
C. 1回の拍動で心室から送り出される血液の量が増えている（同意可）

《類題チャレンジ☆☆》

1 図より，太陽の光が当たっている地域と光が当たっていない地域の境界線の傾きから，南極側が明るいので，北極側の地軸が太陽と反対方向に傾いていると考えられる。北極側の地軸が太陽と反対方向に傾くのは冬至。また，地球は西から東へ自転していることから，図の地点Xはこれから光が当たらなくなるので夕方。

答 エ

2 木星，土星，天王星，海王星のうち，太陽に近い方から2番目の土星が南の空に見えるので，土星を正面にしたとき，木星，天王星，海王星は土星よりも左側に位置する。また，全ての惑星が観測されるので，太陽をはさんで，土星と反対側に位置する惑星はない。

答 ア

3 (1) BTB溶液は，酸性で黄色，中性で緑色，アルカリ性で青色を示す。

(2) ① NaClが水溶液中で電離してできるNa^+は，うすい塩酸を加えても変化しない。② 表より，加えたうすい塩酸の量が$4\,\mathrm{cm}^3$のとき，過不足なく中和したことがわかる。それまではH^+はすべて水になるので数は0。それ以降はうすい塩酸を加えるにしたがって増加する。

答 (1) アルカリ (2) ① ウ ② 水酸化物イオンと結合して水になっている（同意可）

4 物体が静止しているときと等速直線運動をしているとき，物体にはたらく力はつりあっている。

答 （符号）ア　（理由）物体は点A，Bどちらの位置で離しても点Cの位置を通過するとき，等速直線運動をしていると考えられることから，物体にはたらく摩擦力は，物体にはたらく斜面に平行な重力の分力と等しく，また，点Cの位置で離すと静止することから，物体にはたらく摩擦力は，物体にはたらく斜面に平行な重力の分力と等しいから。（同意可）

5 (1) おもりにはたらく重力の大きさは，空気中でも水中でも変わらない。質量100gの物体にはたらく重力の大きさが1Nなので，$1\,(\mathrm{N}) \times \dfrac{50\,(\mathrm{g})}{100\,(\mathrm{g})} = 0.5\,(\mathrm{N})$

(2) 実験1より，ばねを引く力の大きさが0.5Nのとき，ばねののびは17.5cmなので，実験2で，水中でばねを引く力の大きさは，$0.5\,(\mathrm{N}) \times \dfrac{15.4\,(\mathrm{cm})}{17.5\,(\mathrm{cm})} = 0.44\,(\mathrm{N})$　よって，浮力の大きさは，$0.5\,(\mathrm{N}) - 0.44\,(\mathrm{N}) = 0.06\,(\mathrm{N})$

(3) 水は水中のおもりに対して浮力を及ぼしているので，その反作用の力を受けることになり，浮力の大きさの分だけ電子てんびんの示す値が大きくなる。

答 (1) 0.5 (N)　(2) イ　(3) ア

6 (1) 太陽は1時間に15°ずつ東から西へ移動するので，影は1時間に15°ずつ西から東へ移動する。図3の竹串の影は北を向いているので，3時間後には東へ，$15° \times 3 = 45°$移動してイの位置にある。

(2) イ．夏至の日は南中高度が最も高いので，正午の竹串の影は最も短い。エ．冬至の太陽の南中高度は，$90° - 32.5° - 23.4° = 34.1°$　時刻盤をかいた画用紙と地平面がなす角の大きさは，$90° - 32.5° = 57.5°$　よって，太陽の南中高度の方が低いので，竹串の影は映らない。

答 (1) イ　(2) イ・エ

7 (1) 重さ0.8Nのおもりを20cm引き上げるときの仕事の量は，20cm = 0.2mより，$0.8\,(\mathrm{N}) \times 0.2\,(\mathrm{m}) = 0.16\,(\mathrm{J})$　おもりを引き上げるのに4.0秒かかったので，$\dfrac{0.16\,(\mathrm{J})}{4.0\,(秒)} = 0.04\,(\mathrm{W})$

(2) 斜面の傾きが30°のとき，おもりが移動する距離とおもりの高さの比は2：1になるので，高さ20cmまで引き上げるときにおもりが移動する距離は，$20\,(\mathrm{cm}) \times \dfrac{2}{1} = 40\,(\mathrm{cm})$　モーターの仕事率とおもりにする仕事の量は同じなので，おもりを引き上げる時間は4.0秒になる。よって，$\dfrac{40\,(\mathrm{cm})}{4.0\,(秒)} = 10\,(\mathrm{cm/s})$

答 (1) 0.04 (W)　(2) 10 (cm/s)

8 (3) 丸い種子をつくる親の遺伝子の組み合わせをAA，しわのある種子をつくる親の遺伝子の組み合わせをaaとすると，子の遺伝子の組み合わせはすべてAaとなる。子を自家受粉させると，AaとAaのかけ合わせで，孫の遺伝子の組み合わせはAA・Aa・Aa・aaとなり，丸い種子はAAとAa。AAとaaをかけ合わせるとすべてAaとなるので，しわにする遺伝子は伝わっていない。Aaとaaをかけ合わせると，Aa・Aa・aa・aaとなり，丸い種子としわのある種子の割合は1：1より，しわにする遺伝子は伝わっている。

(4) 2個の碁石から1個をとり出す操作を選ぶ。

(5) あ．白い碁石をとり出す場合と黒い碁石をとり出す場合の2種類。い．(3)の孫の遺伝子の組み合わせがAA・Aa・Aa・aaとなった場合と同様に考える。

(6) AAとAAのかけ合わせで，AA・AA・AA・AA。AaとAaのかけ合わせで，AA・Aa・Aa・aa。ただし，孫のAaはAAやaaの2倍。aaとaaのかけ合わせで，aa・aa・aa・aa。よって，ひ孫の遺伝子の組み合わせとその数の割合は，AAが6個，Aaが4個，aaが6個となり，丸い種子としわのある種子の数の割合は，$(6 + 4) : 6 = 5 : 3$

答 (1) 純系　(2) あ．顕性形質　い．潜性形質　(3) ① イ　② ア　(4) ①・③　(5) あ．2　い．オ

(6) (丸い種子：しわのある種子＝) 5：3

9 (1) 図1より，塩化バリウム水溶液 $50cm^3$ と硫酸 $50cm^3$ が過不足なく反応して 1.35g の硫酸バリウムの沈殿ができる。つまり，塩化バリウム水溶液と硫酸が反応する体積の比は，$50\ (cm^3) : 50\ (cm^3) = 1 : 1$　塩化バリウム水溶液 $50cm^3$ に硫酸 $30cm^3$ を加えたとき，塩化バリウム水溶液 $30cm^3$ と硫酸 $30cm^3$ が反応し，このときにできる硫酸バリウムの沈殿の質量は，$1.35\ (g) \times \dfrac{30\ (cm^3)}{50\ (cm^3)} = 0.81\ (g)$

(2) 沈殿した物質の質量は，塩化バリウム水溶液と反応した硫酸の体積に比例する。ビーカーFで，硫酸 $10cm^3$ と過不足なく反応する塩化バリウム水溶液の体積は $10cm^3$。ビーカーGで，硫酸 $30cm^3$ と過不足なく反応する塩化バリウム水溶液の体積は $30cm^3$。ビーカーHで，塩化バリウム水溶液 $50cm^3$ と過不足なく反応する硫酸の体積は $50cm^3$。ビーカーIで，塩化バリウム水溶液 $30cm^3$ と過不足なく反応する硫酸の体積は $30cm^3$。ビーカーJで，塩化バリウム水溶液 $10cm^3$ と過不足なく反応する硫酸の体積は $10cm^3$。よって，ビーカーF～Jで沈殿した物質の質量の比は，$F : G : H : I : J = 10\ (cm^3) : 30\ (cm^3) : 50\ (cm^3) : 30\ (cm^3) : 10\ (cm^3) = 1 : 3 : 5 : 3 : 1$ となるので，グラフに表すとエになる。

答 (1) 0.81 (g)　(2) エ

10 (1) 図1より，金属棒に流れる電流の向きは，台の奥側から手前側の向き。流れる電流がつくる磁界の向きは，電流が流れる向きに対して時計まわり。

(2) 図1より，金属棒はPからQへ右向きに動いているので，金属棒には右向きの力がはたらいている。

(3) 電圧が大きくなるので，電流がつくる磁界の強さも大きくなり，金属棒に右向きにはたらく力も大きくなる。よって，金属棒の速さの変化が大きくなり，金属棒がQに達したときの速さも大きくなる。また，金属棒がQに達するまでの時間も短くなる。

(4) 金属棒に与えられた電気エネルギーは，$V\ (V) \times I\ (A) \times t\ (s) = VIt\ (J)$　図3より，斜面を上った金属棒の位置エネルギーは，$W\ (N) \times H\ (m) = WH\ (J)$　変換効率は，もとのエネルギーから目的のエネルギーに変換された割合なので，$\dfrac{WH}{VIt} \times 100$

答 (1) ウ　(2) イ　(3) ウ　(4) ア

11 (1) 非加熱の層Aの上澄み液には，微生物がふくまれている。微生物は有機物を分解するので，円形ろ紙の周りの脱脂粉乳やデンプンが分解される。

(2) 表より，円形ろ紙の周りの透明な部分が，層Aの上澄み液では大きく，層B，層Cの順に小さくなっている。このことから，層Aは微生物が多くふくまれ，有機物の分解がさかんにおこり，層Cはふくまれる微生物は少なく，分解される有機物も少ないと考えられる。

答 (1) ア　(2) ㋓ イ　㋔ ア　㋕・㋖ ウ

5．新傾向問題　　問題 P．52～56

《類題チャレンジ》

1 (1) ① ペプシンは胃液，リパーゼとトリプシンはすい液にふくまれる。② 消化酵素は体温と同じくらいの温度でよくはたらく。③ デンプンにヨウ素液を加えると青紫色になる。だ液をふくませたほうだけ青紫色が消えたので，だ液のはたらきによってデンプンが存在しなくなったと考えられる。

(2) ① X は毛細血管，Y はリンパ管。タンパク質はアミノ酸に分解され，柔毛の毛細血管から吸収される。

答 (1) ① イ　② (ヒトの)体温に近づけるため。(同意可)　③ なくなった (同意可)　④ 加熱する (同意可)
(2) ① (記号) X　(名称) 毛細血管　② 小腸内の表面積が大きくなるから。(同意可)

2 (3) プラスチックの中でも導電性プラスチックは電気を通す。

(5) ① 液体より密度の大きい固体を入れると沈み，液体より密度の小さい固体を入れるとうく。② 溶質を a g とすると，$\frac{a\,(\mathrm{g})}{(300 + a)\,(\mathrm{g})} \times 100 = 40\,(\%)$が成り立つ。これを解いて，$a = 200\,(\mathrm{g})$

答 (1) 混合物　(2) ア　(3) ウ　(4) 生分解性(プラスチック)　(5) ① 水溶液にうかぶ (同意可)　② 200

3 (1) 水圧の大きさは水面からの深さに比例する。深い位置にあるほうが水圧の大きさが大きいので，ゴム膜のへこみも大きい。

(2) 図 4 より，水面からの深さが 1 cm のとき，水圧は 100Pa なので，$100\,(\mathrm{Pa}) \times \frac{160\,(\mathrm{cm})}{1\,(\mathrm{cm})} = 16000\,(\mathrm{Pa})$

(3) 水中の物体にはあらゆる向きから水圧がかかる。左右からかかる水圧の大きさは深いほど大きくなり，上下からかかる水圧の大きさは上向きのほうが大きい。

答 (1) エ→ア→ウ→イ　(2) 16000 (Pa)　(3) ウ　(4) 浮力
(5) (鼓膜の内側の気圧)を耳抜きをして上げることにより，鼓膜の外側の水圧とつりあうため。(同意可)